黑龙江省自然科学基金联合引导项目资助:松嫩平原区农林复合生态系统土壤动物群落空间格局及系统生态功能研究(LH2019D018)

# 土壤动物群落对不同管理方式农林复合生态系统响应研究

周利军　张淑花　著

U0235386

黄河水利出版社

·郑州·

## 内 容 提 要

本书以农林复合生态系统中土壤动物作为研究对象,分别对不同土地利用方式、农田防护林的不同结构位置、农田及防护林区域不同化肥处理方式、农田及防护林区域不同农药处理方式等多种管理方式下土壤动物群落结构特点进行分析,较为系统地揭示了土壤动物群落结构对农林复合生态系统管理方式的响应。

本书可供从事土壤动物群落学、土壤环境生态学、农林生态系统管理、生物多样性保护等研究的相关学者、博士研究生、硕士研究生和农业、林业及相关部门的管理人员阅读参考。

**图书在版编目(CIP)数据**

土壤动物群落对不同管理方式农林复合生态系统响应研究/周利军,张淑花著. —郑州:黄河水利出版社,2023.3

ISBN 978-7-5509-3539-6

Ⅰ.①土… Ⅱ.①周… ②张… Ⅲ.①林粮间作-土壤生物学-动物学-研究 Ⅳ.①S344.2

中国国家版本馆 CIP 数据核字(2023)第 058413 号

组稿编辑:王志宽 电话:0371-66024331 E-mail:278773941@qq.com

出 版 社:黄河水利出版社 网址:www.yrcp.com
    地址:河南省郑州市顺河路黄委会综合楼 14 层 邮政编码:450003
发行单位:黄河水利出版社
    发行部电话:0371-66026940、66020550、66028024、66022620(传真)
    E-mail:hhslcbs@126.com
承印单位:河南新华印刷集团有限公司
开本:787 mm×1 092 mm 1/16
印张:9.5
字数:219 千字
版次:2023 年 3 月第 1 版

定价:38.00 元

# 前　言

　　以农田和防护林组成的农田林网型生态系统是农林复合生态系统的一种类型,也是我国陆地生态系统的重要组成部分。农林复合生态系统作为一个半人工的生态系统,人类活动在很大程度上会对其造成一定的影响,其中影响较大的活动就是人类不同的管理方式。由于人类对土壤不合理的利用及大量农药、化肥等施入到土壤环境中,对农林复合生态系统造成了极大的影响,其中受到影响最大的就是土壤生态系统。

　　土壤动物作为生活在土壤环境中的生物有机体,对于土壤环境变化具有较为敏感的反应,它们直接或间接参与土壤中的物质循环和能量转化过程,是土壤生态系统中不可分割的组成部分。此外,土壤动物种类多、数量大,能够参与土壤有机质的分解和矿化,并通过自身的运动和摄食行为,促进土壤腐殖质和团粒结构的形成,有助于土壤质量的改善,将有关土壤动物作为土壤环境变化指示作用的研究是当前土壤生态学研究领域重要的热点问题之一。

　　本书以农林复合生态系统中的土壤动物作为研究对象,分析了不同管理方式下土壤动物群落的结构特点,以揭示土壤动物群落结构对农林复合生态系统管理方式的响应。

　　本书共分为 7 章,第 1 章主要介绍土壤动物群落生态学研究现状及本书主要研究内容;第 2 章介绍研究区域概况与研究方法;第 3~6 章分别是对不同利用方式、不同农田防护林结构位置、不同化肥施加及不同农药处理条件下土壤动物群落进行分析,以得到土壤动物群落对农林复合生态系统管理方式的响应;第 7 章是对全书研究内容的总结。

　　参与本书编写的人员和分工如下:第 1~3 章由周利军撰写,第 4~7 章由张淑花撰写,由周利军负责全书定稿工作。

　　本书在撰写过程中,查阅和参考了大量的前人研究成果,同时在出版过程中还得到了黑龙江省教育厅新农科改革与实践项目:智能农业学科专业集群建设探索(SJGZ20200193)的资助,在此一并表示感谢!

　　由于作者水平有限,书中难免存在不当之处,敬请各位读者批评指正。

作　者

2022 年 12 月

# 目　录

# 第 1 章　绪　论

## 第 1 节　引　言

以农田和防护林组成的农田林网型生态系统是农林复合生态系统的一种类型,也是我国陆地生态系统的重要组成部分,在我国北方三北防护林区域具有广泛的分布,能改善农田小气候,抗御风沙、干热风、寒露风等自然灾害,同时可以提供木材、新材及经济林产品,是人类社会存在和发展的基础。作为一个半自然半人工的生态系统,人类活动在很大程度上会对其造成一定的影响,其中受到影响最大的就是土壤环境。而土壤是当前农业生产的物质基础,目前全球粮食生产的 97% 仍然要依赖于土壤,没有土壤就不可能有农业。由于人类对土壤不合理的利用及大量农药、化肥等施入到土壤环境中,对土壤环境造成了极大的影响,要保持土壤长期、稳定地处于良性状态,就必须重视农业土壤的生态环境,合理利用和保护土壤资源,从而实现农业的可持续发展。

土壤动物作为生活在土壤环境中的生物有机体,对于土壤环境变化具有较为敏感的反应,它们直接或间接参与土壤中物质循环和能量转化过程,是土壤生态系统中不可分割的组成部分。此外,土壤动物种类多、数量大,能够参与土壤有机质的分解和矿化,并通过自身的运动和摄食行为,促进土壤腐殖质和团粒结构的形成,有助于土壤质量的改善。有关土壤动物作为土壤环境变化指示作用的研究是当前土壤生态学研究领域重要的热点问题之一。

人类对农田生态系统的影响主要是通过不同的管理和利用方式来实现的,农田生态系统的管理和利用方式包括很多种形式,如耕作、喷药、施肥、收割等,人类在进行田间管理的同时也对土壤生态环境产生了一定的影响,导致土壤动物群落特征发生变化。探讨土壤动物对农业生态系统不同管理和利用方式的响应机制,能够有助于揭示农田生态系统环境特征,为促进农田生态系统合理利用和科学管理提供一定的理论依据。

## 第 2 节　土壤动物群落生态学研究综述

### 2.1　土壤动物群落生态学研究概况

土壤动物是指其生活史有一段时间定期在土壤中度过,对土壤有一定影响的无脊椎动物。自 19 世纪达尔文对蚯蚓生物学的研究开始,土壤动物的研究已经有百余年的历史,对于其理论及研究方法,国内外学者均做了大量的工作,积累了不少经验。早期的土壤动物生态研究主要在土壤动物种类和数量相对较高的森林和草原等自然生态系统开展,侧重阐明土壤动物基本生态规律,就土壤动物的研究内容而言,早期的土壤动物生态学研究更多地关注自然环境中土壤动物的生存、土壤动物和植物之间的关系及土壤动物在物质分解过程中的作用,随后,土壤动物群落对土壤结构的影响及其对土壤环境的指示功能逐渐引起研究者的重视。此外,土壤动物群落不同类群间生态过程分析作为土壤动物功能研究角度之一也受到学者的广泛关注,尤其是近年来稳定同位素技术等先进的分析手段在生态学研究领域的应用,进一步促进了土壤动物功能关系的研究,从而推动了土壤动物研究水平的提升,促进其研究领域的拓展。

我国土壤动物空间生态学研究起步相对较晚,最早开始于 1979 年张荣祖开展的土壤动物区系、生态地理的综合性研究。20 世纪 80 年代,陈鹏等在吉林省和东北地区继续开展土壤动物生态地理研究,1987—1996 年,尹文英院士组织 30 多位动物学家,对我国森林、草原和农田地带的土壤动物进行了大范围系统的研究,比较了不同地理区域之间土壤动物生态特征的差异及其与土壤环境的关系。在此之后,研究者们对我国不同地域多种生态系统的土壤动物进行了大量的生态地理研究工作,如廖崇惠等对我国南方热带地区森林土壤动物进行了调查研究;殷秀琴等对小兴安岭地区土壤动物进行了调查研究,对土壤动物在物质循环和能量流动过程中的作用进行了深入细致的研究;张雪萍等对寒温带大兴安岭土壤动物生态地理分布进行了调查研究。

近年来随着地下生态学研究的兴起,与土壤动物相关的内容更是引起了研究者的极大关注。目前,土壤动物生态学的研究不论从学科的发展、资料的积累、过程的研究和实际应用等方面,都有了长足的进展。

## 2.2　土壤动物群落生态学研究进展

土壤动物群落是陆地生态系统中对环境最为敏感的类群之一,随着全球变化和人类活动干扰对土壤环境的影响逐渐加剧,土壤动物群落生态学研究已经成为环境学和生态学研究领域的热点。国外对土壤动物群落研究较早,早期土壤动物群落研究主要集中于森林生态系统,侧重于对土壤动物与植物之间的关系以及土壤动物在凋落物分解中的作用机制研究。研究表明,土壤动物在土壤有机物质的矿质化、土壤腐殖质的形成和分解、植物营养元素的转化等过程中具有不可替代的作用。随后,土壤动物群落对土壤结构的影响及对土壤环境的指示功能逐渐引起研究者的关注,蚯蚓通过排泄蚓粪、掘穴、取食和消化等活动对土壤结构和肥力产生重要影响,在土壤结构改良、团粒结构形成方面起到重要作用。中小型土壤动物如跳虫、螨类等主要通过排泄物的作用加速土壤腐殖质的形成而改善土壤结构;土壤动物群落对土壤环境变化具有较为敏感的反应,在土壤环境质量指示方面的研究具有重大意义。

我国土壤动物群落学研究起步相对较晚,随着国内对科研投入的加大,我国土壤动物群落学研究发展很快,研究内容主要集中在土壤动物群落结构和功能。

### 2.2.1　土壤动物群落结构研究

土壤动物群落结构研究一直是我国土壤动物群落生态学研究的重要内容,主要包括群落区系组成结构、群落空间结构、群落时间结构及群落营养结构等方面内容的研究。

　　区系组成的调查和研究是土壤动物群落生态学研究的基础,在众多研究者的努力下,目前对我国不同地区土壤动物区系组成都有了一定的认识,对热带、亚热带和温带三大气候带的土壤动物都进行了区系调查,不同气候带土壤动物群落的个体数量、类群组成等方面存在明显差异,总的趋势为热带、亚热带地区土壤动物个体数和类群数较为丰富,其次为温带,高寒地区的土壤动物个体数和类群数都较少。

　　空间结构可分为水平结构和垂直结构。土壤动物群落特征随着气候特征、植被类型、土壤性质、微地貌形态、海拔高度及人类活动等的差异而表现出水平分布差异性,主要表现为群落种类组成与数量特征、密度和群落多样性等方面的水平差异。在广域空间尺度上,土壤动物种类和数量在热带和亚热带地区最为丰富,在高寒地区最为贫乏。由相同纬度的东部森林与西部草原土壤动物多样性分析比较表明,土壤动物多样性东部山地森林高于西部草原。在中小尺度水平上,土壤动物多样性变化比较复杂,不同利用方式对土壤动物多样性影响较大,一般天然林地土壤动物要多于其他类型。在森林生态系统中,凋落物厚度、不同林型、凋落物分解程度对土壤动物均具有较大的影响,土壤理化性质、土壤微生物类群、人类活动干扰等均可以对中小尺度空间上土壤动物的水平分布产生一定的影响。

　　土壤动物的垂直分布包括两个方面的内容:一是不同海拔高度的分布,二是不同深度土层中的分布。随着山体海拔高度的增加,环境条件发生垂直变化,不同垂直带中土壤动物群落结构也出现明显变化,我国东部山地垂直带各类型森林中,土壤动物的个体数、类群数在一定范围内(从山麓到地带性森林土壤带)随海拔高度的增高而增加,再往上则随海拔高度的增加而降低。随着土层深度变化,土壤动物群落结构具有明显的变化,在发育成熟和未曾受到扰动的土壤中,受土壤有机质养分分布的影响,土壤动物种类组成和数量特征的垂直分布具有明显的表聚性特征,即随着土层加深呈现递减趋势;在受干扰的环境下,土壤动物垂直分布规律会发生变化,如表层受污染严重的土壤,土壤动物垂直分布甚至会出现逆分布的现象。此外,土壤动物的垂直分布特征对于不同类群的动物,在不同季节也会存在一定的差异。

　　土壤动物群落时间结构主要包括昼夜变化、季节变化和年际变化,特别是由于近年来对于全球变化问题研究的关注,其对土壤动物造成的影响也成为土壤动物学研究的方向。目前,对土壤动物时间结构的研究多集中于季节变化。研究显示,在热带森林地区,大中型土壤动物群落类群数在7月和12月出现高峰,个体数量在6月和11月为高峰期,而温带、寒温带地区,在温湿条件较好的6—9月出现高峰,这表明土壤动物的季节变化受制于气温和降水量,在不同年份,由于气候条件的差异,土壤动物的季节动态会有明显的区别。

　　土壤动物群落营养结构是指不同类群土壤动物通过取食与被取食而建立的结构关系。土壤动物种类繁多、数量巨大、取食特征差异较大,导致不同土壤动物间营养结构关系复杂。目前,对于土壤生态系统的食物链和食物网关系的认识还十分有限,现有的研究多是根据不同类群土壤动物在土壤中的食性特征定性划分出不同的功能类群,也有其他很多研究对土壤动物功能类群进行划分,都是根据其食性特征进行定性的研究。

### 2.2.2　土壤动物群落功能研究

　　土壤动物在整个生态系统中功能的重要性越来越被人们所认识。目前,对土壤动物群落功能研究主要集中在生态系统中凋落物的分解及对环境的指示作用。

　　土壤动物对凋落物分解作用的研究方法主要是采用尼龙网袋法进行枯落物分解试验,土壤动物的分解作用受凋落物的种类和分解时间的影响,同时也受温度、湿度等环境的影响,在凋落物分解前期,大型土壤动物作用明显,随后,中小型土壤动物的作用程度加大,土壤动物与微生物共同作用对枯落叶的分解程度大于仅微生物的分解程度。土壤动物的不同类群在有机质分解与转化中的贡献不同,甲螨和弹尾类土壤动物对枯落物分解率和养分循环的作用明显不同,土壤有机质的分解过程主要由土壤动物中关键物种起推动作用。

　　土壤动物作为环境质量监测和评定过程中相对稳定的、综合的指示因子已经受到广泛的重视。土壤线虫群落结构作为反应较为敏感的动物类群,广泛地应用于不同类型生态系统的环境指示研究中,有机质丰富的土壤中,线虫群落结构相对较丰富,线虫作为土壤环境受到污染的指示作用也受到很多研究者的关注;蚯蚓作为少数能决定土壤肥力特征的大型土壤无脊椎动物,被称为"土壤工程师",对土壤肥力、土壤环境问题的污染和土壤的水分状况具有指示作用;大型土壤动物群落生态结构和生物量变化对于矿区生态环境的恢复与重建具有重要的指示意义。目前,土壤动物群落对环境的指示功能研究也成为土壤动物群落生态学研究的重要内容。

## 2.3　人为影响下土壤动物群落研究进展

　　随着人类对自然界干扰的逐渐加大,人为影响下土壤动物群落生态学研究逐渐成为当今土壤动物研究的重要内容。不同类型生态系统受到人为干扰的形式差异较大,对土壤动物群落的影响也有一定区别。林地的人为干扰主要是人工采伐,有研究表明,采伐干扰较大的群落中蜱螨目(A)与弹尾目(C)的比值比采伐干扰小的群落小,皆伐样地甲螨群落数量明显低于未砍伐样地,多样性指数在采伐样地和未采伐样地没有明显差别,群落种类组成也没有差异,因此以甲螨作为指示干扰的生态指标具有一定的限制性。放牧对草原土壤动物群落影响较明显,轻度和中度放牧对土壤动物的生存有利,中度放牧使土壤动物群落表聚性增强,随着放牧强度增大,土壤动物个体数和类群数呈递减趋势。旅游作为人类干扰的一种重要形式,对生态环境造成一定的影响,目前旅游干扰对土壤动物群落的影响也引起了研究者的重视,在一定范围内,土壤动物数量随旅游强度增加而减少,旅游活动量越大,土壤动物数量越少,大型土壤动物个体数和类群数由近游道向远游道方向逐渐增加。人为干扰下土壤动物群落研究还包括采矿区复垦土壤动物群落研究、城市不同绿地系统土壤动物群落研究、公路边坡人工植草作用下土壤动物群落结构研究。此外,农田生态系统作为人类干扰严重的生态系统,对其中土壤动物群落的研究已经成为当今土壤动物生态学研究的重要组成部分。

## 2.4 农田生态系统土壤动物群落研究进展

农业是人类从事的最古老的生产活动,对国民经济发展具有重要意义,农田生态系统作为人类社会存在和发展的基础,其功能对人类的可持续发展具有现实而深远的影响。农田生态系统与其他生态系统不同的是其属于人工生态系统,受到的人为干扰较大,是一种靠人类持续经营和管理来维持的景观类型。人类在经营和管理农田生态系统的同时,也对农田生态系统中的土壤环境产生了一定的影响,土壤动物作为对土壤环境变化反应敏感的生物指标,对于土壤的发生和发展、凋落物的分解、营养元素的循环、微生物群落的组成和活动起着重要的作用,因此人类历来重视对农业生态系统中土壤动物的研究。

### 2.4.1 土壤动物群落与环境因子的关系

农田生态系统中土壤动物研究较多地集中于土壤动物群落与环境因子的关系研究。土壤动物和土壤肥力之间有着密切的关系,土壤有机质对土壤动物存在一定的正向作用。土壤动物与土壤总 N 和速效 P 含量也有很好的相关性,有研究表明,食物中的 N、P 含量与弹尾目对食物的选择性有着密切的关系。同时,土壤动物的分布及它的活动性能也对土壤有机质、土壤氮储量、土壤氮矿化等方面具有重要的影响,它常常改变土壤养分的空间分布,使养分出现斑块分布,从而增加土壤养分的空间变异程度。土壤 pH 通常对土壤动物的分布是一个限制因素,在酸性土壤中,随着土壤的酸性减弱,土壤动物多样性增加。土壤容重和孔隙度是表示土壤物理性质的重要指标,研究表明,土壤昆虫与土壤容重及土壤孔隙度具有一定的联系,土壤容重与大型土壤昆虫类群数及球角跳虫数量存在正相关,与疣跳虫存在负相关,而孔隙度与土壤昆虫之间的关系与土壤容重相反。

### 2.4.2 农药污染对土壤动物群落结构的影响研究

农药等污染物对土壤动物的影响及土壤动物作为农田生态系统环境污染的指示作用研究一直以来都受到研究者的重视。国外在此方面的研究早在 20 世纪 50 年代就已经开始,Lichtenstein(1957)从 1945 年就开始研究农田中 DDT❶对地下土壤动物的影响;Edwards 等(1967)研究发现,DDT 和艾尔德林杀虫剂对螨类和跳虫具有副作用;蚯蚓能够从土壤中和水中吸收农药残留,这使蚯蚓对喷施农药具有敏感的反应,低剂量的农药即可引起蚯蚓数量的减少,大剂量施用农药可以导致蚯蚓细胞结构发生病理性变化,农药也可以改变土壤动物群落组成,导致土壤动物多样性降低,高浓度的农药可以导致土壤动物死亡。近些年关于土壤动物对重金属污染及除草剂影响的指示研究也有了较大的进展,除草剂对土壤动物的影响比杀虫剂小,低剂量的除草剂对土壤动物群落影响不明显。

### 2.4.3 耕作方式对土壤动物群落结构的影响研究

不同耕作方式会对农田生态系统土壤动物造成较大的影响,耕作方式有传统耕作和保护性耕作两种。保护性耕作即现代耕作管理方法,它包括免耕、少耕、深松、轮耕、垄作等,并用作物秸秆、残茬覆盖地表,用化学药物来控制杂草和病虫害等一系列耕作管理活

---

❶ DDT,又叫滴滴涕,化学名为双对氯苯基三氯乙烷,化学式 $C_{14}H_9Cl_{15}$,是有机氯杀虫剂。

动。很多研究表明,与传统耕作比较,保护性耕作有助于增加土壤小型节肢动物群体,改善土壤生物多样性。耕作方式影响着土壤动物的分布、种类和数量,这主要是由于耕作等活动会影响土壤的物理化学性状,土壤动物的生存受到影响。翻耕与免耕方式对土壤动物群落有不同影响,翻耕使上下土层混合,改变了有机质的分布状况,使土壤有机质分布具有均一性,增加土壤孔隙,使下层土壤动物仍有较大分布;而免耕降低了人为对土壤的干扰程度,使土壤微环境更为稳定复杂,增加了土壤表面植物残体,并加强了土壤的层化现象,造成土壤孔隙减少、容重增大。这种耕作方式差异导致了土壤不同层次养分含量上的差异,进而导致土壤动物群落在不同耕作方式下种类和数量及垂直分布模式的差异。

### 2.4.4 施肥对土壤动物群落的影响研究

施肥对土壤动物群落的影响也是土壤动物研究的重要内容之一。施肥类型常常分为有机肥和化肥两种,有机肥结构复杂、养分丰富,化肥提供植物所需的有效养分。不管是施加有机肥还是化肥,对于植物生产力的提高、植物组织质量的改善和植被的组成等均有着重要的影响,而植物生产力又与土壤动物有着密切的关系。长期单施化肥对土壤动物的作用较大,优势度相对较高,而配施有机肥处理的土壤动物组成最丰富,不施肥处理土壤动物均匀性较高,但优势度指数较低。有研究表明,长期有机物料的施入对增加土壤动物群落丰富度与多样性有明显效应。氮肥的使用带来最大的影响是对真菌总体数量的影响,施肥量高促进了真菌种群的增加,传统耕作方式下的高氮肥用量压制了中型螨虫的发展。有机肥料的使用对土壤动物起到正面的作用,堆肥和粪肥有利于促进蚯蚓生长,改变了原有的蚯蚓种类。一些研究者认为,土壤有机质含量过高或者过低均不利于土壤动物生存和发展,施肥引起土壤动物数量发生较大负的变化,而对物种丰富性影响较小。EM( Effective Microorgnisms,有效微生物)堆肥同样会影响到土壤生物的生存状况,施用 EM 能提高土壤微生物活性,增加微生物分布密度,并会使土壤中蚯蚓数量明显增加。

### 2.4.5 农田防护林带土壤动物群落研究

农田防护林带作为农田生态系统中的人工林组分,是农业景观中重要的廊道成分,该廊道的存在会使土壤动物分布格局发生明显变化,这也是农田防护林带生物效应的显著表现。农田防护林带作为农田生态系统中重要的森林带,对其周围的环境会产生明显的生态效应,在林带内很短的距离内,光照往往具有很大的差异,林带边缘的温度、湿度和光照的变化程度比林带内部的变化大,环境梯度的变化会导致生物分布格局受到影响。研究显示,有防护林带保护的农田土壤微生物数量和活性会明显增强,表现出随距离林带渐远,数量也随之减少,土壤中弹尾目和蜱螨目昆虫在防护林内要比林缘和林外开敞区域高,对于不同物种来说,分布格局有一定的差异性,土壤动物空间分布格局的不同会影响其功能特征的差异,进而影响其在农田生态系统中的生态过程。

### 2.4.6 其他干扰对土壤动物群落的影响

不同土地利用方式、工业"三废"排放对土壤动物群落的影响、转 Bt( Bacillus thuringiensis,苏云金芽胞杆菌)基因作物对土壤动物的影响以及土壤动物对农田生态系统健康的指示研究也成为近些年对农田生态系统土壤动物群落研究的方向。土地利用方式的不同对土壤动物群落有显著的影响,不同使用方式林地土壤动物的个体数和类群数与土壤有机质及全氮含量呈正相关,但在农田土壤生态系统中,有机质和全氮含量不是影响土壤动物群落的首要因素,而农药、化肥及耕作等干扰程度在不同利用类型的农田生态系统上的差异,可能是导致土壤动物群落结构不同的主要原因。

# 第 3 节 主要研究内容及工作流程

## 3.1 主要研究内容

### 3.1.1 土壤动物群落对不同利用方式生态系统的响应

以黑龙江省松嫩平原东部典型农业区的农田生态系统为调查区域,选择处于不同地形部位(低平原、台地和低山丘陵)的农田生态系统作为调查对象,对不同利用方式(玉米田、水稻田、菜地和防护林)农田的土壤动物群落进行调查,分析土壤动物群落结构对农田生态系统不同利用方式的响应,以探索不同利用方式与土壤动物群落结构之间的关系。

### 3.1.2 土壤动物群落对农田防护林不同结构部位的响应

在松嫩平原东部典型的农林复合生态系统区域,选择处于不同地形部位的农田防护林带作为调查对象,分别对防护林带内部、防护林带边缘,防护林边农田边缘及防护林外农田内部进行取样,分析土壤动物群落结构对防护林不同结构部位的响应,以揭示防护林结构与土壤动物群落结构的关系。

同时运用 $^{15}N$ 稳定同位素分析方法对不同地形部位防护林获取的大型土壤动物群落营养结构进行了分析,并对环境中 $^{15}N$ 稳定同位素含量进行了分析,旨在探索应用 $^{15}N$ 稳定同位素技术来划分土壤动物的营养等级,进一步分析防护林中土壤动物的食物链关系和食物网结构及营养元素迁移基础。

### 3.1.3 土壤动物群落对不同化肥处理方式的响应

选择哈尔滨市松北区一典型农田及附近防护林作为不同类型化肥处理的定点试验田,进行不同浓度的 N、P、K 肥施加试验。在施肥后的不同时间,对大型及中小型土壤动物进行调查,分析不同浓度 N、P、K 肥处理对农田及防护土壤动物群落结构的特征影响,以分析施加不同浓度化肥与农田和防护林土壤动物群落结构的关系。

### 3.1.4 土壤动物群落对不同农药处理方式的响应

在化肥处理农田样地旁边,设置了不同农药喷施处理样地,进行较低浓度不同类型除草剂和杀虫剂的野外定点喷施试验,并对样地土壤动物进行调查,分析土壤动物群落对标准喷施浓度除草剂和杀虫剂的响应,同时选择除草剂 2,4 滴丁酯进行室内染毒处理试验,分析较低浓度条件下土壤动物群落结构对喷施浓度和染毒时间的响应机制。

## 3.2 工作流程

工作流程如图 1-1 所示。

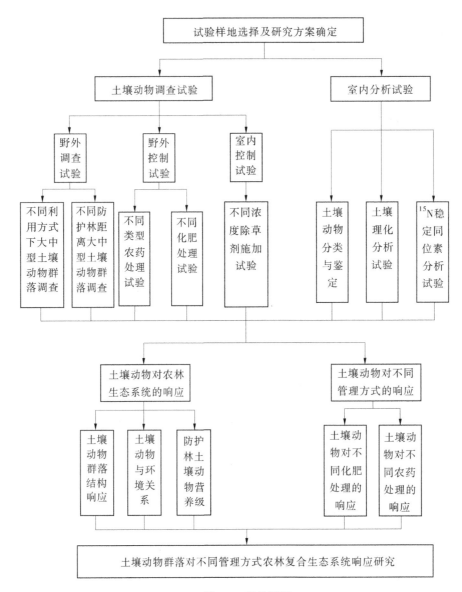

图 1-1 工作流程

# 第 2 章　研究区域概况与研究方法

## 第 1 节　研究区域概况

本书的研究区域位于松嫩平原的东部区域,是松嫩平原的主要农业区域之一,也是黑龙江省开发较早的农业区域,在黑龙江省乃至全国的商品粮供应上具有重要地位。该区域土地肥沃,主要土壤类型为黑土和黑钙土,土壤有机质含量较高,适合农作物生长;该区域气候属中温带大陆性季风气候,冬季干燥、漫长寒冷,夏季潮湿、温暖多雨,年平均气温为 2~6 ℃,年平均降水量为 400~600 mm,≥10 ℃ 的积温为 2 500~3 000 ℃,在作物生长季节里,气候适宜、光热充足、雨热同季,适合多种作物的生长,这使得该区域农田种植利用方式比较多样,其中玉米、大豆、水稻是大田的主要种植类型。

多年的农业发展使本区土壤垦殖指数较高,由于部分地区存在对土地资源利用不合理、保护不到位等现象,导致本区农田生态系统出现一些典型的生态环境问题,如土壤肥力下降、土壤水土流失严重、农药和化肥等污染加剧等一系列问题,这些问题对土壤环境影响非常明显,生活在土壤中的动物类群对土壤环境的变化具有比较敏感的反应。

本次研究选择松嫩平原东部典型农业区作为研究区域,分析土壤动物对农田生态系统不同利用及管理方式的响应,研究结果能够代表典型农业区域农田生态系统土壤动物群落的特征,为评价农田生态系统不同管理和利用方式的生态环境效应,推动农田生态系统合理利用和科学管理具有一定的理论指导意义。

## 1.1　不同利用方式农田生态系统研究区概况

在松嫩平原东部地区选择 3 种不同地形部位作为研究区域,分别是低平原、台地和低山丘陵,在每种地形部位处选择 4 种不同利用方式的农田生态系统作为研究对象,对每一种利用方式土壤动物群落进行了调查,同时,在防护林样点的不同结构部位进行调查取样,调查样地的地理位置和环境特征如下所述。

### 1.1.1　低平原

低平原位于哈尔滨市松北区万宝镇境内,为松花江冲积平原的一部分,地势平坦,海拔在 110~130 m,地貌部位属于松花江沿岸的低平原。

(1)防护林样点。地理位置为北纬 45°51′12″,东经 126°25′6″,平均海拔 118 m。防护林带植被类型为杨树(*Populus* L.),林带宽约 10 m,树高约 25 m,林下主要植被为狗尾草(*Setaria viridis* Beauv.),盖度达 40%~50%,林下凋落物层厚度约 1 cm,土壤 pH 为 7.03,有机质含量为 3.93%,全氮含量为 0.58%,土壤平均含水量为 13.94%。

(2)菜园地样点。地理位置为北纬 45°50′36″、东经 126°23′30″,海拔 130 m,为一农户种植的大棚,棚内种植蔬菜为花椰菜(*Brassica oleracea var. botrytis* L.),土壤 pH 为 7.06,

有机质含量为 3.09%,全氮含量为 0.45%,土壤平均含水量为 18.02%。

(3)玉米田样点。地理位置为北纬 45°51′30″、东经 126°25′6″,平均海拔 123 m,距离防护林 10 m,土壤 pH 为 7.29,有机质含量为 3.24%,全氮含量为 0.36%,土壤平均含水量为 16.46%。

(4)水稻田样点。地理位置为北纬 45°51′12″、东经 126°25′6″,平均海拔 113 m。土壤 pH 为 6.93,有机质含量为 3.01%,全氮含量为 0.29%,土壤平均含水量为 31.57%。

### 1.1.2 台地

台地位于哈尔滨市阿城区杨树乡境内,地处松嫩平原东部,属于台地地貌类型,海拔 170~200 m。

(1)防护林样点。地理位置为北纬 45°28′54″、东经 126°50′54″,平均海拔 198 m,林带类型为杨树林,林带宽约 9 m,平均树高约 10 m,林下植被主要有苔草(*Carex* L.)、香蒿(*Artemisia annua* L.)、狗尾草、芦苇(*Phragmites communis* Trin.)、独行菜(*Lepidium* L.)、龙牙草(*Agrimonia pilosa* Ledeb.)、鸡眼草(*Kummerowia striata* Schindl.)等,总盖度 70%~80%,土壤 pH 为 7.22,有机质含量为 2.80%,全氮含量为 0.45%,土壤平均含水量为 13.24%。

(2)菜园地样点。地理位置为北纬 45°28′30″、东经 126°51′36″,平均海拔 180 m,为刚刚收获的菜园地,土壤 pH 为 6.37,有机质含量为 3.51%,全氮含量为 0.44%,土壤平均含水量为 22.05%。

(3)玉米田样点。地理位置为北纬 45°28′54″、东经 126°50′54″,平均海拔 190 m,距离防护林 10 m,土壤 pH 为 6.70,有机质含量为 2.80%,全氮含量为 0.24%,土壤平均含水量为 14.55%。

(4)水稻田样点。地理位置为北纬 45°29′36″、东经 126°52′12″,海拔 170 m。土壤 pH 为 6.88,有机质含量为 4.63%,全氮含量为 0.47%,土壤平均含水量为 32.38%。

### 1.1.3 低山丘陵

低山丘陵位于哈尔滨市阿城区平山镇境内,处于松嫩平原向东部山地过渡区域,海拔 210~230 m,地貌为低山丘陵类型。

(1)防护林样点。地理位置为北纬 45°19′6″、东经 127°23′18″,海拔 217 m,林带类型为杨树林,林带宽约 50 m,树高 18~20 m,林下草本植物较多,主要有苔草,盖度为 70%~80%,黄蒿(*Artemisia scoparia* Waldstein et Kitaibel)盖度约为 15%,香薷(*Elsholtzia ciliate* Hyland.)、狗尾草、芦苇等的总盖度约 10%,土壤 pH 为 7.19,有机质含量为 2.69%,全氮含量为 0.45%,土壤平均含水量为 14.57%。

(2)菜园地样点。地理位置为北纬 45°19′6″、东经 127°23′18″,平均海拔 230 m,为种植黄瓜(*Cucumis sativus* L.)、西红柿(*Lycopersicon esculentum* Mill.)的大棚,土壤 pH 为 7.15,有机质含量为 6.18%,全氮含量为 0.61%,土壤平均含水量为 29.28%。

(3)玉米田样点。地理位置为北纬 45°19′6″、东经 127°23′18″,平均海拔 227 m,距离防护林 10 m,土壤 pH 为 6.87,有机质含量为 3.57%,全氮含量为 0.31%,土壤平均含水量为 11.54%。

(4)水稻田样点。地理位置为北纬 45°18′24″、东经 127°22′36″,平均海拔 222 m。土壤 pH 为 6.95,有机质含量为 2.34%,全氮含量为 0.25%,土壤平均含水量为 34.52%。

## 1.2　化肥及农药处理试验研究区概况

进行化肥处理试验的样地选择在哈尔滨市松北区一农田及其附近的防护林,地理位置为北纬 45°51′、东经 126°33′,农田作物类型为玉米,防护林树种为杨树,树高约 9 m,胸径 10 cm;林下草本植物有黄蒿、龙牙草、龙葵(*Herba Solani* Nigri)及狗尾草等,草本植物总盖度为 60%,凋落物层为 1~2 cm。在化肥处理试验的农田区域同时进行不同类型农药野外喷施试验。

# 第 2 节　试验材料选择及样地处理

## 2.1　试验材料的选择

### 2.1.1　试验化肥的选择

化肥的施加是农业生产中最为常见的管理方式,本次研究化肥施加试验以单一肥料为试验对象,选择比较常用的 N、P、K 肥,化肥具体类型及生产厂家见表 2-1。

表 2-1　试验选择化肥及生产厂家类型

| 种类 | 产品名称 | 有效成分含量 | 剂型 | 生产厂家 |
|---|---|---|---|---|
| N 肥 | 大庆牌尿素 | 全氮≥46.5% | 颗粒 | 大庆石化总厂 |
| P 肥 | "九华山"牌过磷酸钙 | $P_2O_5$≥12.0%,硫≥10%、钙≥10% | 颗粒 | 安徽省铜陵市铜官山化工有限公司 |
| K 肥 | "金米特"牌硫酸钾 | 氧化钾≥50%,硫≥18% | 颗粒 | 美嘉化肥(烟台)有限公司 |

化肥的施加浓度在进行大量调查的基础上,结合农民一般田间施肥量,以 250 kg/hm² 为基础,在此之上设置 3 个不同的浓度,分别是浓度 1:250 kg/hm²、浓度 2:500 kg/hm² 和浓度 3:1 000 kg/hm²。

### 2.1.2　试验农药的选择

农药是用来防治危害农林牧业生产的有害生物和调节植物生长的化学药品,农药的种类众多,根据防治对象可以分为杀虫剂、杀菌剂、除草剂、植物生长调节剂等不同类型。本项目研究以除草剂和杀虫剂为研究对象,分析喷施农药对土壤动物群落的影响,除草剂的选择以适合玉米作物使用为主要类型,选择常用的 3 种类型,作为试验用药。选择的农药具体类型、生产厂家及喷施浓度见表 2-2。

表 2-2　试验选择的农药类型及喷施浓度

| 种类 | 产品名称 | 有效成分含量 | 剂型 | 生产厂家 | 参考浓度 | 喷施浓度 |
|---|---|---|---|---|---|---|
| C1 | 乙草胺 | 57% | 乳油型 | 济南天邦化工有限公司 | 30 g/亩❶ | 0.5 g/10 m² |

---

❶　1 亩 = 1/15 hm²,下同。

续表 2-2

| 种类 | 产品名称 | 有效成分含量 | 剂型 | 生产厂家 | 参考浓度 | 喷施浓度 |
|------|---------|-------------|------|---------|----------|----------|
| C2 | 2,4 滴丁酯 | 900 g/L | 乳油型 | 济南天邦化工有限公司 | 15 g/亩 | 0.2 g/10 m² |
| C3 | 噻吩磺隆 | 15% | 可湿性粉剂 | 江苏富田农化有限公司 | 90 g/hm² | 0.09 g/10 m² |
| S1 | 阿维灭幼脲 | 20% | 可湿性粉剂 | 安阳市全丰农药化工有限责任公司 | 1 500 mL/hm² | 1.5 mL/10 m² |
| S2 | 啶虫脒 | 20% | 可湿性粉剂 | 濮阳市新科化工有限公司 | 750 mL/hm² | 0.75 mL/10 m² |
| S3 | 甲氨基阿维菌素苯甲酸盐 | 3% | 微乳剂 | 唐山市瑞华生物农药有限公司 | 15 g/亩 | 0.25 g/10 m² |

不同类型的除草剂的目标植物不同,适用的作物种类也不同。如乙草胺是一种选择性芽前处理除草剂,是一种广泛使用的除草剂,也是我国目前使用量最大的除草剂之一,主要针对一年生禾本科杂草和部分小粒种子的阔叶杂草,其适用作物有玉米、棉花、豆类、花生、油菜等多种类型;2,4 滴丁酯为激素型选择性除草剂,主要适用范围是小麦、大麦、青稞、玉米、高粱等禾本科作物中的一些阔叶杂草,对禾本科杂草无效,是我国目前使用十分广泛的一种除草剂;噻吩磺隆是一种选择性芽后茎叶处理剂,能用于禾谷类作物防除一年生阔叶杂草,主要适用作物包括小麦、大麦、玉米、燕麦等。

不同类型农田生态系统中的害虫种类差别很大,目前,农业生产商所使用的杀虫剂种类也非常多,随着科技的发展,杀虫剂逐渐向高效、低毒方向发展。如阿维灭幼脲是阿维菌素和灭幼脲 3 号的复合剂,是一种广谱低毒的杀虫剂,主要防治水稻纵卷叶螟,玉米螟,蔬菜、果树的鳞翅目害虫等,是农业生产中经常使用的一种杀虫剂;啶虫脒为一种广谱且具有一定杀螨活性的杀虫剂,广泛用于水稻、蔬菜、果树、茶叶的蚜虫、飞虱、蓟马、鳞翅目等害虫的防治;甲氨基阿维菌素苯甲酸盐(甲维盐)是一种微生物源低毒杀虫、杀螨剂,是在阿维菌素的基础上合成的高效生物药剂,对很多害虫具有其他农药无法比拟的活性,尤其对鳞翅目、双翅目、蓟马类具有很好的杀灭效果。

## 2.2 试验样地的处理

### 2.2.1 化肥施加试验样地的处理

将试验农田分成 2.5 m×4.0 m 的小块试验区域作为化肥处理样地,用木桩将样地四角确定,并用彩色细绳分上下两层进行样地圈封,每两个相邻样地之间留有半米宽的距离,以防止不同处理方式之间相互干扰,共划隔出试验样地区域 9 个,分别进行 3 个不同浓度 N 肥、P 肥、K 肥的施加试验,另设 1 个区域作为不做任何处理的对照样地区域;采用同样的方法在该农田附近的防护林内划分出 10 个样地与农田进行对照,考虑防护林内树木根系会影响土壤动物取样,在设置样地时比农田稍大些,在施肥时,未对树木根系周围区域进行施肥。

田间化肥施加是在播种前一次施肥,农田内施肥方法采取的是土埋法,即先在样地内勾出深约 5 cm 的垄沟,将每一样地待施加的化肥均匀地撒入垄沟内,再用土将垄沟填平;

防护林内化肥施加与农田在同一时间进行,施肥方式是表层土壤施肥,即先将表层枯枝落叶拨开,将化肥均匀撒在土壤表层,再将枯枝落叶覆盖在其上。

### 2.2.2　农药喷施试验样地的处理

采用野外定点试验方法进行农药的喷施试验,为使研究结果更具有规律性及普遍意义,分别于 5 月、7 月和 9 月三次在试验样地进行了除草剂喷施及土壤动物采集工作,试验样地内正常耕作,作物类型为玉米,在管理过程中,不施加控制试验以外的任何化学物品。在试验田内选择 6 处区域作为不同类型农药试验处理样地,样地面积及处理方法与施加化肥样地相同,同时设置一块没有经过农药处理的样地作为空白对照样地。为避免不同处理样地之间相互干扰,在相邻处理样地之间留有半米左右的空地作为间隔带,在喷施农药过程中采取贴地面喷施方式进行,喷施时间选择无风晴天进行,喷施浓度根据不同类型除草剂说明中的参考浓度进行配置,具体见表 2-2。

# 第 3 节　研究方法

## 3.1　土壤动物群落调查方法

### 3.1.1　不同利用方式农田生态系统土壤动物群落调查方法

在 3 处调查区域内的不同利用方式农田内进行土壤动物调查取样,每个样地分大型和中小型土壤动物取样,大型土壤动物在每个样地设置 25 cm×50 cm 的样方 8 处,从上而下依次从 0~5 cm、5~10 cm、10~15 cm 和 15~20 cm 四层取样,每个样地取回大型土壤动物分离土样 32 份,在每个调查区域的 4 种利用方式的生态系统中共取回大型土壤动物分离样品 128 份,3 个调查区域共取 384 份大型土壤动物分离样品;中小型土壤动物的样方面积为 10 cm×10 cm,取样数量与大型土壤动物相同。将取回的土壤动物分离样品带回室内,采用手捡法和 Tullgren(干漏斗法)进行土壤动物分离,分离出的土壤动物用 75% 酒精杀死固定,在实体显微镜下进行分类鉴定与数量统计,大多数种类鉴定到科,少数鉴定到目,土壤动物的分类鉴定主要参考尹文英等的《中国土壤动物检索图鉴》,同时用分析天平测得大型土壤动物的湿重作为生物量来进行分析。

### 3.1.2　防护林不同结构部位土壤动物群落调查方法

在不同地形部位的防护林样点,分别选取防护林不同位置结构处的 4 个样地,即林内、林缘、田缘、田内:林内选在林地中心内部;林缘为防护林临近农田的边缘处;田缘为防护林边缘外约 5 m 处,即农田临近防护林的边缘处,农田为玉米地;田内为农田内部。

具体取样方法:每个样地按林内、林缘、田缘、田内 4 种植被类型平行选取样点,按大型土壤动物、中小型土壤动物两种类型取样,各取样方 8 个,分别对 0~5 cm、5~10 cm、10~15 cm、15~20 cm 分 4 层取样。大型土壤动物取样面积为 25 cm×50 cm,共 384 个;中小型土壤动物取样面积为 10 cm×10 cm,共 384 个。样点选择在相对平坦、无大的植物根系、地表植被覆盖较好、凋落物较厚且无蚂蚁巢穴的地段。

另外,在每一样区的 0~10 cm 土层取土壤样品 1 kg,共 24 个,带回试验室用于分析土壤的理化性质。

### 3.1.3　不同化肥处理下土壤动物群落调查方法

在经过化肥处理并进行正常种植的样地,于当年5月、7月和9月对试验样地内土壤动物进行调查取样,每个样地分大型和中小型土壤动物取样,每个样地中设置样方4处,大型土壤动物的样方面积为50 cm×50 cm,中小型土壤动物的样方面积为10 cm×10 cm,农田中分0~5 cm、5~10 cm和10~15 cm三层取样,防护林中分凋落物层、0~5 cm、5~10 cm和10~15 cm四层取样,每次调查取回大型和中小型土壤动物分离样品各280份,分别采取手捡法和Tullgren(干漏斗法)进行土壤动物分离,分离出的土壤动物用75%的酒精杀死固定,在实体显微镜下进行分类鉴定和数量统计,土壤动物分类鉴定主要参考尹文英等的《中国土壤动物检索图鉴》,大多数土壤动物鉴定到科,同时用分析天平测得大型土壤动物的湿重作为生物量来进行分析。

### 3.1.4　不同农药处理下土壤动物群落调查方法

试验考虑不同取样时间土壤动物调查数据的可比性及农药效应的发挥,三次取样时间均在喷施农药之后的第5天,对每个样地进行大型和中小型土壤动物调查,每个处理样地取样方4处,大型土壤动物的样方面积为50 cm×50 cm,中小型土壤动物的样方面积为10 cm×10 cm,分别对0~5 cm、5~10 cm、10~15 cm进行取样调查,每次调查取回大型及中小型土壤动物样品各84份,3次共取回土壤动物分离样品504份,采用手捡法分离大型土壤动物,干漏斗法(Tullgren)分离中小型土壤动物,分离出的土壤动物立即用75%的酒精杀死固定,在实体显微镜下进行分类鉴定与数量统计,土壤动物分类鉴定主要参考尹文英等的《中国土壤动物检索图鉴》,大多数土壤动物鉴定到科,同时用分析天平测得大型土壤动物的湿重作为生物量来进行分析。

### 3.1.5　除草剂2,4滴丁酯室内染毒试验土壤动物群落调查方法

采用除草剂2,4滴丁酯对土壤动物进行室内染毒处理试验,参考农田喷施的标准浓度,在此基础上逐渐提高喷施浓度,设置4个浓度梯度,其质量浓度分别为0.10 g/L、0.16 g/L、0.25 g/L和0.40 g/L,另设不加农药的同量自来水作为对照,共5个浓度,3次重复,平均每个浓度12个样品,取100 mL已配好的各浓度药液均匀喷洒于装有土样的塑料桶中。桶的直径约为13 cm,每桶内分别装入试验土样1份,试验土样取自野外化肥处理试验的防护林样地,随机选择3处样点取0~5 cm土层的土壤,拣去石块、植物根系等杂质,带回试验室充分混合均匀,称取500 g土壤为一份,共60份用于染毒试验。染毒后的土壤样品,经过12 h、24 h、48 h和72 h后用干漏斗法(Tullgren)分离土壤动物,每次分离样品15个,将所有分离出的土壤动物用75%的酒精杀死固定,并进行分类鉴定与数量统计,大多数种类鉴定到科,土壤动物的分类检索参见尹文英等的《中国土壤动物检索图鉴》。

## 3.2　稳定同位素的测定方法

在进行广泛调查的3处防护林样地获得的大型土壤动物中,选择共有的12种动物类群,对不同类群土壤动物逐一进行处理,蚯蚓、大蚊幼虫及金龟甲幼虫因其体内含有较多未消化物质,对这几类动物进行解剖,将肠道内未消化物剔除,其他动物类群未进行解剖处理,处理完的样品在60 ℃下烘干24 h,并分别放入密封袋内使其保持干燥。植物细根、枯叶用水将杂质清洗干净后,于40 ℃条件下烘干,同样放入密封袋内,风干后的土壤样品

用 100 目土壤筛进行处理后放入 95 ℃ 恒温箱内烘干,置于密封袋内等,待进行同位素及全氮分析。

试验样品的稳定同位素分析是在中国林科院稳定同位素比率质谱试验室进行的,采用美国 Thermo Fisher Scientific 公司的 MAT253 同位素比率质谱仪进行测定,氮稳定同位素比值以国际通用的 δ 值形式表达,测定原理为将样品在元素分析仪中高温燃烧后生成 $N_2$,质谱仪通过检测 $N_2$ 的 $^{15}N$ 和 $^{14}N$ 比例,并与国际标准物(大气 $N_2$)对比后计算出样品的 $\delta^{15}N$ 比例,$\delta^{15}N$ 的计算公式为

$$\delta^{15}N(‰) = \left[ (R_{sample} - R_{standard}) / R_{standard} \right] \times 1\,000 \tag{2-1}$$

式中　$R_{sample}$——所测定样品的 $^{15}N/^{14}N$ 比例;

　　　$R_{standard}$——标准大气压下 $N_2$ 的 $^{15}N/^{14}N$ 比例。

## 3.3　土壤样品的分析方法

在调查土壤动物的同时,在土壤动物取样样方处用铝盒取土壤样品用于测定土壤含水量,采用多点混合方法取 0~10 cm 土层的土壤分析样品 1 kg,带回室内进行土壤样品分析试验,分析前将自然风干的土壤样品研磨后过筛孔直径为 1.0 mm(18 号)土壤筛用于 pH 测定,过筛孔直径为 0.149 mm(100 号)土壤筛用于测定土壤有机质、全氮、全磷、全钾等含量。

土壤自然含水量采用烘干法测定;pH 采用电位法进行测定;土壤有机质采用丘林法(重铬酸钾-硫酸氧化法)来测定;土壤全氮采用半微量开式定氮法测定;土壤全磷采用高氯酸-硫酸-钼锑抗比色法测定;土壤全钾采用 NaOH 碱熔-火焰光度法测定。

### 3.3.1　土壤自然含水量测定

将取回的自然土壤称重后放入 105 ℃ 烘箱内烘干至恒重后称重,计算公式为

$$土壤含水量(g/kg) = \frac{m_1 - m_2}{m_2} \times 1\,000 \tag{2-2}$$

式中　$m_1$——湿土质量,g;

　　　$m_2$——干土质量,g。

### 3.3.2　土壤 pH 测定

先称取 5.00 g 过 1 mm 筛的土壤风干样品,置于 50 mL 烧杯中,用量筒加入 25 mL 无 $CO_2$ 的蒸馏水(土:水 = 1:5),用玻璃棒剧烈搅拌 1~3 min,使土壤样品充分分散,静置 30 min,此时,应避免空气中氨或挥发性酸的影响。然后将校正好的复合电极插到待测土样的下部悬浮液中,并轻轻摇动,以除去电极表面的水膜,使电极电位达到平衡,待酸度计显示值稳定时记录读数。每个试样测完后,立即用水冲洗电极,并用滤纸吸干后再测定其他试样,每测定 5~6 个样品后,应用 pH 标准缓冲液校正一次。

### 3.3.3　土壤有机质的测定

有机质测定采用丘林法(重铬酸钾-硫酸氧化法),试验过程是用分析天平称取通过 0.149 mm 筛的土壤分析样品 0.1~0.5 g(视土壤有机质含量而定,精确到 0.000 1 g),放入一干燥硬质试管中,用移液管准确加入 0.8 mol/L 重铬酸钾溶液 5 mL,再加入 5 mL 浓硫酸,充分摇匀,管口放一弯颈小漏斗,放置在已经事先加热的油浴锅中,控制油浴锅内温

度在 170~180 ℃,使溶液保持沸腾 5 min,取出试管,稍冷却后擦净试管外部油液。消煮好的溶液颜色应是黄色或黄中稍带绿色,如果煮沸后的溶液呈现绿色,表示重铬酸钾不足,应减少土壤质量重新做。待试管内溶液冷却后,将其全部洗入 250 mL 锥形瓶中,瓶内体积控制在 60~80 mL,加入 3~4 滴邻菲罗啉指示剂,用 0.2 mol/L 硫酸亚铁标准溶液滴定至溶液由橙黄色经蓝绿色到棕红色为终点,记下所用硫酸亚铁量。每批土样分析时,必须做 2~3 个空白试验,空白试验不加土样,用等量石英砂来代替,操作步骤与土样分析完全相同。计算公式为

$$\text{土壤有机质含量 SOC}(\text{g/kg}) = \frac{\dfrac{0.800\ 0 \times 5.00}{V_0}(V_0 - V_1) \times 0.003 \times 1.1 \times 1.724}{mK} \times 1\ 000$$

(2-3)

式中　0.800 0——重铬酸钾标准液浓度,mol/L;

　　　5.00——重铬酸钾标准液体积,mL;

　　　$V_0$——空白试验消耗的硫酸亚铁标准溶液体积,mL;

　　　$V_1$——土壤试验样品消耗的硫酸亚铁标准溶液体积,mL;

　　　0.003——1/4 碳原子的毫摩尔质量,g/mmol;

　　　1.1——氧化校正系数;

　　　1.724——有机碳换算成有机质系数;

　　　$m$——风干土样质量,g;

　　　$K$——风干土样换算成烘干土样的水分换算系数;

　　　1 000——换算成每千克土壤有机质含量。

### 3.3.4　土壤全氮测定——半微量凯氏定氮法

先用分析天平称取过 0.149 mm 筛孔的风干土样 1 g(精确到 0.000 1 g),将土样小心移至凯氏瓶底部,加入 2 g 混合催化剂,摇匀,加数滴水使土样湿润。然后加 5 mL 硫酸,在凯氏瓶口放一个小漏斗,用电炉加热消煮,最初宜低温,待无泡沫发生后(10~15 min),提高温度,控制凯氏瓶内硫酸蒸汽回流的高度约在瓶颈上部的 1/3 处,并须经常振动凯氏瓶,勿使干涸,直至消煮液和土粒全部变为灰白色时,继续消煮 1 h,直到无黑色碳粒时,将试管取下,冷却,准备蒸馏,全部消煮时间为 85~90 min,同时做空白样品试验。在 150 mL 锥形瓶中加入浓度 2%硼酸 25 mL,加 1 滴定氮指示剂,将锥形瓶置于冷凝器的承接管下。将消煮液全部移入蒸馏室内,并用水洗涤凯氏瓶 4~5 次,总量不超过 40 mL。打开冷凝水,向蒸馏室内加入浓度为 40%的 NaOH 溶液 20 mL,立即关闭蒸馏室,开始蒸馏。当锥形瓶内馏出液达 50~55 mL 时(8~10 min),用广泛试纸在冷凝管口试验蒸馏液,若已无碱性反应,表示氨已经蒸馏完毕,否则,继续蒸馏。停止蒸馏后,用少量水冲洗冷凝管下口,取下锥形瓶。蒸馏液用盐酸标准溶液滴定至微红色为终点,同时对空白试验蒸馏液滴定。计算公式为

$$\text{土壤全氮含量 TN}(\text{g/kg}) = \frac{(V_1 - V_0)C \cdot 0.014}{mK} \times 1\ 000$$

(2-4)

式中　$V_1$——测试土壤样品滴定用去 HCl 的体积,mL;

$V_0$——空白样品滴定用去 HCl 的体积，mL；

$C$——盐酸标准溶液浓度，mol/L；

0.014——氮原子的毫摩尔质量，g/mmol；

$m$——风干土质量，g；

$K$——将风干土转换成烘干土的系数；

1 000——换算成每千克土壤含氮量。

### 3.3.5　土壤全磷的测定——酸溶光度法

先称取过 0.149 mm 筛孔的风干土样 0.2 g（精确至 0.000 1 g）置于凯氏瓶中，加数滴水，使土样湿润，加浓 $H_2SO_4$ 3 mL，摇匀后，再加 $HClO_4$ 10 滴，摇匀，瓶口上加一个小漏斗，置于电炉上加热消煮，至溶液开始转白后继续消煮 20 min；将冷却后的消煮液倒入 100 mL 容量瓶中，用水少量多次冲洗凯氏瓶，轻轻摇动容量瓶，待完全冷却后，加水定容，静置澄清，同时做不加土样的空白试验。吸取 5 mL 静置澄清液置于 50 mL 容量瓶中用水冲洗至 20 mL，加 1 滴硝基酚指示剂，先用 4 mol/L 的 NaOH 溶液调节至溶液变为黄色，再用 0.5 mol/L 硫酸溶液调节至黄色刚刚褪去，加入钼锑抗显色剂 5 mL，再加水定容 50 mL，摇匀。放置 30 min 后，在分光光度计上用 700 nm 波长进行比色，以空白液的吸光度为 0，读出测定液的吸收值，从标准曲线上查出相应的磷值。同时，分别取磷标准溶液 0、1 mL、2 mL、4 mL、6 mL、8 mL、10 mL 置于 50 mL 容量瓶中，采用上述方法绘制标准曲线。全磷计算公式为

$$土壤全磷含量\ TP(g/kg) = \frac{\rho V T_s}{10^6\ mK} \times 1\ 000 \qquad (2\text{-}5)$$

式中　$\rho$——从工作曲线上查得磷的质量浓度，μg/mL；

$V$——显色时定容体积，mL；

$T_s$——分取倍数（浸提液总体积与显色时吸取浸提液体积之比）；

$10^6$——将 μg 换算成 g；

$m$——风干土质量，g；

$K$——将风干土换算成烘干土的系数；

1 000——换算成每千克土壤含磷量。

### 3.3.6　土壤全钾的测定——氢氧化钠碱熔-火焰光度法

称取过 0.149 mm 孔径筛的风干土壤 0.2 g（精确到 0.000 1 g），放入银坩埚底部，加 2 g 固体氢氧化钠平铺于试样表面。将坩埚放入高温电炉内，当温度升至 300 ℃ 左右时，保温 10 min，继续升温至 750 ℃，保温 15 min，关闭电源，取出冷却。向银坩埚中加水 10 mL，微热，使熔块溶解，将溶液无损地转入 100 mL 容量瓶中，用 3 mol/L 硫酸溶液 10 mL 和热水多次洗涤银坩埚，洗涤液全部移入容量瓶。冷却后定容过滤，滤液为土壤全钾待测液，同时做空白试验。吸取 5 mL 待测液于 50 mL 容量瓶中，用水定容，摇匀，在火焰光度计上，用钾滤光片测定发射强度，从标准曲线上查得相应的钾量。

标准曲线绘制：分别取 0、250 μg、500 μg、1 000 μg、2 000 μg、3 000 μg 钾标准溶液置于 50 mL 容量瓶中，先加入与待测液中等量的氢氧化钠和硫酸量，再加水稀释定容，摇匀，在相同工作条件下测定发射强度，绘制标准曲线。计算公式为

$$土壤全钾含量(g/kg) = \frac{\rho VT_s}{10^6 mK} \times 1\ 000 \qquad (2\text{-}6)$$

式中   $\rho$——从工作曲线上查得钾的质量浓度,$\mu g/mL$;

      $V$——测定液的体积数值,mL;

      $T_s$——分取倍数(消煮液体积与吸收消煮液体积之比);

      $m$——风干土质量,g;

      $K$——将风干土换算成烘干土的系数;

      $10^6$——将 $\mu g$ 换算成 g;

      $1\ 000$——换算成每千克土壤含钾量。

# 第4节   数据统计与处理

## 4.1   基础数据处理与分析

基础数据的统计和处理主要采用 Excel、SPSS 软件进行分析,图表主要应用的软件为 Excel 2007。相关分析采用 Pearson 分析,使用双尾检验(2-tailed)其相关显著性,$P>0.05$ 表明不具有相关性,$P<0.05$ 表明显著相关,$P<0.01$ 表明极显著相关;差异性分析主要以方差分析(F 检验)进行统计,$P>0.05$ 说明无显著差异,$P<0.05$ 说明差异显著,$P<0.01$ 说明差异极显著。

## 4.2   土壤动物群落特征指数

采用如下公式对调查获得的土壤动物群落特征指数进行分析。

Shannon-Wiener 多样性指数:

$$H' = -\sum_{i=1}^{s} P_i \ln P_i \qquad (2\text{-}7)$$

Pielou 均匀度指数:

$$J = \frac{H'}{\ln s} \qquad (2\text{-}8)$$

Simpson 优势度指数:

$$S = \sum \left(\frac{n_i}{N}\right)^2 \qquad (2\text{-}9)$$

Margalef 丰富度指数:

$$M = \frac{s-1}{\ln N} \qquad (2\text{-}10)$$

式中   $N$——群落中所有种类的个体总数;

      $n_i$——第 $i$ 类群的个体数量,$P_i = \dfrac{n_i}{N}$,为第 $i$ 类群个体数占该群落总个体数的比例;

      $s$——群落类群数。

DG 密度-类群指数：

$$DG = \left(\frac{g}{G}\right) \sum_{i=1}^{g} \left(\frac{D_i C_i}{D_{i\max} C}\right) \tag{2-11}$$

DIC 多群落间比较指数：

$$DIC = \frac{g}{G} \sum_{i=1}^{n} \left[ 1 - \left( \frac{|X_{i\max} - X_i|}{X_{i\max} + X_i} \right) \right] \frac{C_i}{C} \tag{2-12}$$

式中　$X_{i\max}$——各群落中第 $i$ 类群的最大个体数量；

　　　$X_i$——所测群落中第 $i$ 类群的个体数量；

　　　$g$——所测群落包括的类群数；

　　　$G$——各群落所包含的总类群数量；

　　　$D_i$——所测群落中第 $i$ 类群的相对密度；

　　　$D_{i\max}$——各群落中第 $i$ 类群的最大密度；

　　　$C$——所研究的群落数；

　　　$C_i$——第 $i$ 个类群在 $C$ 个群落中出现的次数。

采用 Jaccard 指数计算土壤动物组成的相似性：

$$CP = \frac{c}{a + b - c} \tag{2-13}$$

式中　$a$、$b$——样地 $A$ 和样地 $B$ 的土壤动物类群数；

　　　$c$——两样地共有的类群数。

当 $0<CP<0.25$ 时，极不相似；当 $0.25 \leqslant CP<0.50$ 时，中等不相似；当 $0.50 \leqslant CP<0.75$ 时，中等相似；当 $0.75 \leqslant CP<1.00$ 时，极相似。

## 4.3　土壤动物营养等级确定

生态系统中，生物体内 $\delta^{15}N$ 值随着营养级的增高具有一定的富集现象，根据不同生物 $\delta^{15}N$ 含量，可以确定其在生态系统中营养级的位置，营养等级确定的公式为

$$TL = \lambda + \frac{\delta^{15}N_{consumer} - \delta^{15}N_{baseline}}{\Delta \delta^{15}N} \tag{2-14}$$

式中　$\delta^{15}N_{baseline}$——生态系统食物网的初级生产者或初级消费者的氮稳定同位素比例；

　　　$\lambda$——起始营养级，$\lambda = 1$ 时，baseline 为初级生产者，$\lambda = 2$ 时，baseline 为初级消费者；

　　　$\Delta\delta^{15}N$——营养等级富集度。

对于营养等级的富集度，在不同动物及不同环境条件下具有一定差异。有研究认为，$\delta^{15}N$ 富集度的平均数为 3.4‰，但学者对不同地区、不同类群的动物研究得出了不同的结果，植食性、肉食性和杂食性生物对 $\delta^{15}N$ 的富集量没有明显的区别，但腐食性生物对 $\delta^{15}N$ 的富集效应明显偏低；Tiuno A. V. 对不同地区、不同类群土壤动物随食物链的富集状况进行了总结，结果显示，第一级消费者的 $\delta^{15}N$ 比其食物增加 0~5‰，捕食性生物相对于所捕食食物来说，$\delta^{15}N$ 富集量为 2.4‰~7.6‰。

在本书研究中，土壤动物 $\delta^{15}N$ 值最低的是大蚊幼虫，而大多数大蚊幼虫取食植物根

系或腐败植物,因此本书将其定位为初级消费者,3 个样地大蚊幼虫与枯落叶和植物细根之间的平均差值分别为 1.86‰ 和 0.48‰,结合前人对 $\delta^{15}N$ 在相邻营养级的富集量的研究,本书选择 2.3‰ 作为富集量进行分析。将数据带入式(2-14),即得到营养级计算公式:

$$TL = 2 + \frac{\delta^{15}N_{消费者} - \delta^{15}N_{大蚊幼虫}}{2.3} \tag{2-15}$$

式中　2——大蚊幼虫的营养级水平;

2.3——$\delta^{15}N$ 富集因子。

# 第 3 章　土壤动物群落结构对不同利用方式的响应

随着人类经济活动影响的逐渐加大,土地利用方式发生很大变化,土地利用、土地覆被变化研究也成为当今地理学研究的热点。土地利用方式的改变使原有自然环境发生了变化,对于生活在土壤环境中的土壤动物来说,也产生了一定的作用。目前,国内外有一些关于土地利用、土地覆被变化对土壤动物影响方面的研究,这方面的研究还很薄弱,加强土地利用、土地覆被变化对土壤动物群落的影响研究,有助于土壤动物生物多样性的保护,为合理利用土地提供科学依据。

农业生态系统土地利用方式的差异直接导致土壤性状的不同,自然土壤开垦为农田会导致土壤有机碳含量下降,水田、菜地和果园中土壤养分含量较高,而旱田中土壤养分含量较低,免耕等保护性耕作有利于增加表层土壤的养分含量,不合理的农业生产实践可能导致土壤受到侵蚀、盐化和非点源污染等影响。土壤性状的变化会影响生存于其中的土壤动物群落结构,本书研究选择松嫩平原东部典型农业区 3 处不同地形部位,分别选择农田防护林、玉米田、菜园地及水稻田 4 种不同利用方式农田生态系统进行土壤动物调查,旨在分析土壤动物群落结构对不同利用方式农田生态系统的响应。

农田防护林是农田生态系统的重要组成部分,在农田生态系统中是干扰相对较少的利用类型,在农田景观中起到廊道的作用,是很多物种存活的次生中心,但防护林对于土壤动物群落的作用机制目前还未有研究。玉米田、水稻田和菜园地是农田生态系统中常见的利用类型,由于它们受到人为干扰和环境特征的差异性,导致土壤动物群落特征差异明显。菜园地的熟化程度高,受到人为干扰程度较大,水稻田土壤环境与其他类型之间差异明显,玉米田在采样前期较长一段时间未有人为影响。本次研究对 3 处研究区域的 4 种利用方式农田生态系统土壤动物群落进行调查,以分析土壤动物对农田生态系统不同利用方式的响应机制。

## 第 1 节　农田大型土壤动物群落对不同利用方式的响应

### 1.1　大型土壤动物种类和数量对不同利用方式的响应

对 3 处地形不同利用方式土壤动物调查,共获得大型土壤动物 3 017 头,隶属环节动物门、软体动物门和节肢动物门 3 门,昆虫纲、蛛形纲、寡毛纲、多足纲、腹足纲和原尾纲 6 纲、16 目,不同利用方式大型土壤动物种类组成和数量特征见表 3-1。

表3-1 不同利用方式大型土壤动物种类组成和数量特征

单位:头

| 大型土壤动物 | 防护林 | | | | | 旱田 | | | | | | | | | | 水田 | | | | | 合计 | 个体数占样地总个体数的百分比/% | 多度 |
| | | | | | | 菜园地 | | | | | 玉米田 | | | | | 水稻田 | | | | | | | |
| | 低平原 | 台地 | 低山丘陵 | 小计 | 个体数占防护林总个体数的百分比/% | 低平原 | 台地 | 低山丘陵 | 小计 | 个体数占菜园地总个体数的百分比/% | 低平原 | 台地 | 低山丘陵 | 小计 | 个体数占玉米田总个体数的百分比/% | 低平原 | 台地 | 低山丘陵 | 小计 | 个体数占水稻田总个体数的百分比/% | | | |
| --- | --- | --- | --- | --- | --- | --- | --- | --- | --- | --- | --- | --- | --- | --- | --- | --- | --- | --- | --- | --- | --- | --- | --- |
| 线蚓科 Enchytraeidae | 1 112 | 34 | 391 | 1 537 | 73.26 | | 19 | 122 | 141 | 50.36 | | 1 | 386 | 387 | 61.33 | | | | | | 2 065 | 68.45 | +++ |
| 蜘蛛目 Araneida | 17 | 42 | 17 | 76 | 3.62 | 1 | | 5 | 6 | 2.14 | 7 | 111 | 10 | 128 | 20.29 | | | 1 | 1 | 12.5 | 211 | 6.99 | ++ |
| 蚁科 Formicidae | 139 | 14 | | 153 | 7.29 | 5 | | | 5 | 1.79 | 14 | 32 | 4 | 50 | 7.92 | | | | | | 208 | 6.89 | ++ |
| 正蚓科 Lumbricidae | 4 | | 42 | 46 | 2.19 | 1 | 16 | 38 | 55 | 19.64 | | | 2 | 2 | 0.32 | | | | | | 103 | 3.41 | ++ |
| 隐翅甲科 Staphylinidae | 11 | 32 | 23 | 66 | 3.15 | 1 | 7 | 9 | 17 | 6.07 | 3 | 4 | 9 | 16 | 2.54 | | | | | | 99 | 3.28 | ++ |
| 金龟甲科 Scarabaeidae | 34 | 31 | 13 | 78 | 3.72 | 1 | 1 | 3 | 5 | 1.79 | 1 | 1 | 8 | 10 | 1.58 | | | | | | 93 | 3.08 | ++ |
| 地蜈蚣目 Geophilomorpha | 2 | | 1 | 3 | 0.14 | 1 | 3 | 17 | 21 | 7.50 | 2 | 2 | 8 | 12 | 1.90 | | | | | | 36 | 1.19 | ++ |
| 步甲科 Carabidae | 10 | 7 | 1 | 18 | 0.86 | 2 | 1 | 3 | 6 | 2.14 | 1 | | 10 | 11 | 1.74 | | | | | | 35 | 1.16 | ++ |

续表 3-1

| 大型土壤动物 | 旱田·防护林 低平原 | 旱田·防护林 台地 | 旱田·防护林 低山丘陵 | 旱田·防护林 小计 | 个体数占防护林总个体数的百分比/% | 旱田·菜园地 低平原 | 旱田·菜园地 台地 | 旱田·菜园地 低山丘陵 | 旱田·菜园地 小计 | 个体数占菜园地总个体数的百分比/% | 旱田·玉米田 低平原 | 旱田·玉米田 台地 | 旱田·玉米田 低山丘陵 | 旱田·玉米田 小计 | 个体数占玉米田总个体数的百分比/% | 水田·水稻田 低平原 | 水田·水稻田 台地 | 水田·水稻田 低山丘陵 | 水田·水稻田 小计 | 个体数占水稻田总个体数的百分比/% | 合计 | 个体数占样地总个体数的百分比/% | 多度 |
|---|---|---|---|---|---|---|---|---|---|---|---|---|---|---|---|---|---|---|---|---|---|---|---|
| 葬甲科 Silphidae | 4 | 5 | 6 | 15 | 0.71 | | | 9 | 9 | 3.21 | | 1 | 3 | 4 | 0.63 | | | | | | 28 | 0.93 | + |
| 叩甲科 Elateridae | | 10 | 2 | 12 | 0.57 | 1 | 1 | | 2 | 0.71 | | 4 | | 4 | 0.63 | | | | | | 18 | 0.60 | + |
| 大蚊科 Tipulidae | | | 11 | 11 | 0.52 | | 2 | 2 | 4 | 1.43 | | | | | | | | | | | 15 | 0.50 | + |
| 舟蛾科 Notodontidae | | | 12 | 12 | 0.57 | | | | | | | | | | | | | | | | 12 | 0.40 | + |
| 阎甲科 Histeridae | | | 9 | 9 | 0.43 | | | | | | 1 | | | 1 | 0.16 | | | | | | 10 | 0.33 | + |
| 虎甲科 Cicindelidae | 2 | 6 | 1 | 9 | 0.43 | | | 1 | 1 | 0.36 | | | | | | | | | | | 10 | 0.33 | + |
| 剑虻科 Therevidae | 2 | 3 | | 5 | 0.24 | | | 1 | 1 | 0.36 | | 2 | | 2 | 0.32 | | 1 | | 1 | 12.5 | 9 | 0.30 | + |
| 瓢甲科 Coccinellidae | 7 | | | 7 | 0.33 | | | | | | | | | | | | | | | | 7 | 0.23 | + |

续表 3-1

| 大型土壤动物 | 防护林 低平原 | 防护林 台地 | 防护林 低山丘陵 | 防护林 小计 | 个体数占防护林总个体数的百分比/% | 旱田 菜园地 低平原 | 菜园地 台地 | 菜园地 低山丘陵 | 菜园地 小计 | 个体数占菜园地总个体数的百分比/% | 玉米田 低平原 | 玉米田 台地 | 玉米田 低山丘陵 | 玉米田 小计 | 个体数占玉米田总个体数的百分比/% | 水田 水稻田 低平原 | 水稻田 台地 | 水稻田 低山丘陵 | 水稻田 小计 | 个体数占水稻田总个体数的百分比/% | 合计 | 个体数占样地总个体数的百分比/% | 多度 |
|---|---|---|---|---|---|---|---|---|---|---|---|---|---|---|---|---|---|---|---|---|---|---|---|
| 长角毛蚊科 Hesperiidae | | | | | | 1 | | 2 | 3 | 1.07 | | | | | | 2 | | | 2 | 25 | 5 | 0.17 | + |
| 菜蛾科 Plutellidae | | 1 | 4 | 5 | 0.24 | | | | | | | | | | | | | | | | 5 | 0.17 | + |
| 蚤蝇科 Phoridae | 3 | | | 3 | 0.14 | | | | | | | 1 | | 1 | 0.16 | | | | | | 4 | 0.13 | + |
| 芫菁科 Meloidae | 4 | | | 4 | 0.19 | | | | | | | | | | | | | | | | 4 | 0.13 | + |
| 环口螺科 Cyclophoridae | | | | | | | | 1 | 1 | 0.36 | | | | | | | 3 | | 3 | 37.5 | 4 | 0.13 | + |
| 舞虻科 Empididae | 1 | 1 | 1 | 3 | 0.14 | | | | | | | | | | | | | | | | 3 | 0.10 | + |
| 石蜈蚣目 Lithobiomorpha | | | 2 | 2 | 0.10 | 1 | | | 1 | 0.36 | | | | | | | | | | | 3 | 0.10 | + |
| 弄蝶科 Hesperiidae | | 3 | | 3 | 0.14 | | | | | | | | | | | | | | | | 3 | 0.10 | + |

续表 3-1

| 大型土壤动物 | 防护林 低平原 | 防护林 台地 | 防护林 低山丘陵 | 防护林 小计 | 个体数占防护林总个体数的百分比/% | 菜园地 低平原 | 菜园地 台地 | 菜园地 低山丘陵 | 菜园地 小计 | 个体数占菜园地总个体数的百分比/% | 玉米田 低平原 | 玉米田 台地 | 玉米田 低山丘陵 | 玉米田 小计 | 个体数占玉米田总个体数的百分比/% | 水稻田 低平原 | 水稻田 台地 | 水稻田 低山丘陵 | 水稻田 小计 | 个体数占水稻田总个体数的百分比/% | 合计 | 个体数占样地总个体数的百分比/% | 多度 |
|---|---|---|---|---|---|---|---|---|---|---|---|---|---|---|---|---|---|---|---|---|---|---|---|
| 蛱蝶科 Nymphalidae | | 3 | | 3 | 0.14 | | | | | | | | | | | | | | | | 3 | 0.10 | + |
| 华蚖目 Sinentomata | 1 | | | 1 | 0.05 | 1 | | | 1 | 0.36 | | | | | | | | | | | 2 | 0.07 | − |
| 叶甲科 Chrysomenidae | 2 | | | 2 | 0.10 | | | | | | | | | | | | | | | | 2 | 0.07 | − |
| 蝙蝠蛾科 Hepialidae | 1 | 1 | | 2 | 0.10 | | | | | | | | | | | | | | | | 2 | 0.07 | − |
| 水龟甲科 Hydrophilidae | 1 | | | 1 | 0.05 | | | | | | | | | | | | | | | | 1 | 0.03 | − |
| 蝼蛄总科 Tridactyloidea | 1 | | | 1 | 0.05 | | | | | | | | | | | | | | | | 1 | 0.03 | − |
| 苔甲科 Scydmaenidae | 1 | | | 1 | 0.05 | | | | | | | | | | | | | | | | 1 | 0.03 | − |
| 蓟马科 Thripidae | 1 | | | 1 | 0.05 | | | | | | | | | | | | | | | | 1 | 0.03 | − |

续表 3-1

| 大型土壤动物 | 防护林 | | | | | 旱田 | | | | | | | | | | 水田 | | | | | 合计 | 个体数占样地总个体数的百分比/% | 多度 |
|---|---|---|---|---|---|---|---|---|---|---|---|---|---|---|---|---|---|---|---|---|---|---|---|
| | | | | | | 菜园地 | | | | | 玉米田 | | | | | 水稻田 | | | | | | | |
| | 低平原 | 台地 | 低山丘陵 | 小计 | 个体数占防护林总个体数的百分比/% | 低平原 | 台地 | 低山丘陵 | 小计 | 个体数占菜园地总个体数的百分比/% | 低平原 | 台地 | 低山丘陵 | 小计 | 个体数占玉米田总个体数的百分比/% | 低平原 | 台地 | 低山丘陵 | 小计 | 个体数占水稻田总个体数的百分比/% | | | |
| 奇螨科 Enicocephalidae | 1 | | | 1 | 0.05 | | | | | | | | | | | | | | | | 1 | 0.03 | — |
| 手伪蝎科 Cheiridiidae | 1 | | | 1 | 0.05 | | | | | | | | | | | | | | | | 1 | 0.03 | — |
| 蝼蛄科 Gryllotalpidae | | | | | | | | | | | 1 | | | 1 | 0.16 | | | | | | 1 | 0.03 | — |
| 蝇科 Muscidae | | 1 | | 1 | 0.05 | | | | | | | | | | | | | | | | 1 | 0.03 | — |
| 长足虻科 Dolichopodadae | | 1 | | 1 | 0.05 | | | | | | | | | | | | | | | | 1 | 0.03 | — |
| 尖眼蕈蚊科 Sciaridae | | 1 | | 1 | 0.05 | | | | | | | | | | | | | | | | 1 | 0.03 | — |
| 伪瓢甲科 Endomychidae | | 1 | | 1 | 0.05 | | | | | | | | | | | | | | | | 1 | 0.03 | — |
| 拟步甲科 Tenebrionidae | | 1 | | 1 | 0.05 | | | | | | | | | | | | | | | | 1 | 0.03 | — |

续表 3-1

| 大型土壤动物 | 防护林 低平原 | 防护林 台地 | 防护林 低山丘陵 | 防护林 小计 | 个体数占防护林总个体数的百分比/% | 菜园地 低平原 | 菜园地 台地 | 菜园地 低山丘陵 | 菜园地 小计 | 个体数占菜园地总个体数的百分比/% | 玉米田 低平原 | 玉米田 台地 | 玉米田 低山丘陵 | 玉米田 小计 | 个体数占玉米田总个体数的百分比/% | 水稻田 低平原 | 水稻田 台地 | 水稻田 低山丘陵 | 水稻田 小计 | 个体数占水稻田总个体数的百分比/% | 合计 | 个体数占样地总个体数的百分比/% | 多度 |
|---|---|---|---|---|---|---|---|---|---|---|---|---|---|---|---|---|---|---|---|---|---|---|---|
| 花萤科 Cantharidae | 1 | | | 1 | 0.05 | | | | | | | | | | | | | | | | 1 | 0.03 | - |
| 蠼螋科 Forficulidae | | | | | | | | | | | | 1 | | 1 | 0.16 | | | | | | 1 | 0.03 | - |
| 蚋科 Simuliidae | | | 1 | 1 | 0.05 | | | | | | | | | | | | | | | | 1 | 0.03 | - |
| 蚁甲科 Pselaphidae | | | | | | | | | | | | | 1 | 1 | 0.16 | | | | | | 1 | 0.03 | - |
| 三锥象甲科 Brentidae | | | | | | | | 1 | 1 | 0.36 | | | | | | | | | | | 1 | 0.03 | - |
| 近水螺科 Hydrocenidae | | | | | | | | | | | | | | | | | | 1 | 1 | 12.5 | 1 | 0.03 | - |
| 总计 | 1 370 | 200 | 528 | 2 098 | 100 | 16 | 51 | 213 | 280 | 100 | 30 | 158 | 443 | 631 | 100 | 2 | 4 | 2 | 8 | 100 | 3 017 | 100 | |
| 类群数 | 24 | 21 | 16 | 39 | | 11 | 9 | 13 | 18 | | 8 | 10 | 11 | 16 | | 1 | 2 | 2 | 5 | | 46 | | |

注：①+++为优势类群，占总个体数量的10%以上；++为常见类群，占总个体数量的1%~10%；+为稀有类群，占总个体数量的0.1%~1%；-为极稀有类群，占总个体数量的0.1%以下；下同。

②表中数据误差均是由计算误差引起的。

在不同用地中获得的大型土壤动物优势类群为线蚓科,占总调查土壤动物个体数量的 68.45%,常见类群有蜘蛛目、蚁科、正蚓科、隐翅甲科、金龟甲科、地蜈蚣目和步甲科 7类,占个体总数的 25.94%,稀有类群和极稀有类群包括葬甲科等 38 个类群,占总个体数量的 5.61%。不同利用类型样地大型土壤动物个体数和类群数差异很大,防护林类型样地大型土壤动物个体数和类群数明显多于其他类型用地,3 处防护林样地共获得大型土壤动物 39 类,共 2 098 头,占总调查获得大型土壤动物个体数的 69.54%,玉米田大型土壤动物个体数多于菜园地和水稻田,为 631 头,类群数少于菜园地类群数,水稻田中大型土壤动物的个体数和类群数均很少,3 处样地只获得 5 类 8 头。不同地区相同用地类型大型土壤动物个体数和类群数具有较大的差异,防护林用地在低平原具有最多的个体数和类群数,菜园地大型土壤动物在低山丘陵拥有最多的个体数和类群数,玉米田在低山丘陵具有较多的个体数和类群数;3 个区域水稻田中大型土壤动物都很少。在同一地区不同利用类型样地土壤动物差异很明显,低平原大型土壤动物个体数是防护林>玉米田>菜园地>水稻田,类群数是防护林>菜园地>玉米田>水稻田;台地大型土壤动物个体数是防护林>玉米田>菜园地>水稻田,类群数是防护林>玉米田>菜园地>水稻田;低山丘陵个体数是防护林>玉米田>菜园地>水稻田,类群数是防护林>菜园地>玉米田>水稻田。

## 1.2　大型土壤动物群落特征指数对农田不同利用方式的响应

根据式(2-7)~式(2-10)分别对不同用地类型大型土壤动物的 Shannon-Wiener 多样性指数、Pielou 均匀度指数、Simpson 优势度指数和 Margalef 丰富度指数等群落特征指数进行计算,结果见表 3-2。

表 3-2　不同利用方式土壤动物群落特征指数

| 项目 | 低平原 | | | | 台地 | | | | 低山丘陵 | | | |
|---|---|---|---|---|---|---|---|---|---|---|---|---|
| | 防护林 | 菜园地 | 玉米田 | 水稻田 | 防护林 | 菜园地 | 玉米田 | 水稻田 | 防护林 | 菜园地 | 玉米田 | 水稻田 |
| Shannon-Wiener 多样性指数 | 0.705 | 1.767 | 1.311 | 0 | 1.427 | 1.356 | 1.279 | 0.562 | 0.977 | 1.281 | 0.834 | 0.693 |
| Pielou 均匀度指数 | 0.284 | 0.85 | 0.815 | — | 0.796 | 0.843 | 0.657 | 0.811 | 0.470 | 0.658 | 0.429 | 1.000 |
| Simpson 优势度指数 | 0.673 | 0.219 | 0.318 | 1.000 | 0.302 | 0.289 | 0.366 | 0.625 | 0.565 | 0.381 | 0.618 | 0.500 |
| Margalef 丰富度指数 | 1.523 | 2.525 | 1.176 | 0 | 0.944 | 1.017 | 1.471 | 0.721 | 1.117 | 1.119 | 1.084 | 1.443 |

从表 3-2 可以看出,大型土壤动物 Shannon-Wiener 多样性指数、Pielou 均匀度指数、Simpson 优势度指数及 Margalef 丰富度指数在不同利用方式农田系统差异较大,Shannon-Wiener 多样性指数在防护林、菜园地及玉米田样地要高于水稻田样地,Margalef 丰富度指数也有类似的表现特征,而 Simpson 优势度指数在水稻田则基本明显高于其他类型旱地,这主要是因为水稻田大型土壤动物个体数和类群数都很少,在 Simpson 优势度指数计算过程中突出了少数类群重要性,使指数偏高。

## 1.3　大型土壤动物群落垂直结构对不同利用方式的响应

对不同利用方式农田生态系统大型土壤动物个体数和类群数分层进行统计,结果见表 3-3。

表 3-3　不同利用方式农田生态系统大型土壤动物个体数和类群数的垂直分布

| 项目 | 地形部位 | 土层 | 防护林 | 菜园地 | 玉米田 | 水稻田 |
|---|---|---|---|---|---|---|
| 个体数 | 低平原 | 0~5 cm | 80 | 0 | 12 | 0 |
| | | 5~10 cm | 219 | 9 | 6 | 1 |
| | | 10~15 cm | 650 | 3 | 5 | 0 |
| | | 15~20 cm | 421 | 4 | 7 | 1 |
| | 台地 | 0~5 cm | 96 | 3 | 29 | 0 |
| | | 5~10 cm | 68 | 22 | 23 | 3 |
| | | 10~15 cm | 20 | 18 | 6 | 0 |
| | | 15~20 cm | 16 | 8 | 11 | 1 |
| | 低山丘陵 | 0~5 cm | 307 | 53 | 35 | 2 |
| | | 5~10 cm | 75 | 86 | 67 | 0 |
| | | 10~15 cm | 83 | 58 | 66 | 0 |
| | | 15~20 cm | 63 | 16 | 85 | 0 |
| 类群数 | 低平原 | 0~5 cm | 4 | 0 | 5 | 0 |
| | | 5~10 cm | 4 | 3 | 4 | 1 |
| | | 10~15 cm | 5 | 2 | 3 | 0 |
| | | 15~20 cm | 3 | 2 | 4 | 1 |
| | 台地 | 0~5 cm | 5 | 2 | 5 | 0 |
| | | 5~10 cm | 5 | 4 | 4 | 2 |
| | | 10~15 cm | 4 | 5 | 3 | 0 |
| | | 15~20 cm | 3 | 3 | 4 | 1 |
| | 低山丘陵 | 0~5 cm | 9 | 5 | 4 | 1 |
| | | 5~10 cm | 3 | 7 | 4 | 0 |
| | | 10~15 cm | 6 | 4 | 3 | 0 |
| | | 15~20 cm | 4 | 5 | 4 | 0 |

大型土壤动物个体数垂直分布在不同利用方式样地中表现出明显的差异性,防护林类型在台地和低山丘陵样地表现出明显的表层最多、向下层逐渐较少的现象;低平原防护林样地是 10~15 cm 土层个体数量最多,这说明防护林样地大型土壤动物分布具有一定

的表聚性现象,低平原防护林样地受人为踩踏作用较重,表层土壤动物减少;菜园地大型土壤动物个体数量在3个地形部位的各样地均表现出表下层(5~10 cm)最多,向上向下减少的现象,这主要是由于菜园地受到人为活动干扰较大,使表层大型土壤动物数量降低;玉米田大型土壤动物除低山丘陵外,其他两处表现出明显的表聚性,原因是低山丘陵玉米地在取样时正值农民进行玉米收割,干扰导致表层土壤动物数量减少;水稻田大型土壤动物个体数量很少,未表现出明显的表聚性特征。

对大型土壤动物类群数垂直分布特征进行分析能够看出,除少数样地表现出表层类群数量高于其他层次,多数样地表层类群数与下层相差不大,有的下层类群数甚至高于表层,这说明类群数的分布表聚性不明显,分类不够细致可能是导致产生这一现象的原因。

## 1.4 不同利用方式农田生态系统大型土壤动物群落相似性分析

采用式(2-13)Jaccard相似性指数计算公式,对3个地形部位的4种不同利用方式农田生态系统大型土壤动物群落相似性指数进行计算,结果见表3-4。

表3-4 不同利用方式农田生态系统大型土壤动物群落相似性

| 地形部位 | 利用方式 | 低平原 | | | | 台地 | | | | 低山丘陵 | | | |
|---|---|---|---|---|---|---|---|---|---|---|---|---|---|
| | | 防护林 | 菜园地 | 玉米田 | 水稻田 | 防护林 | 菜园地 | 玉米田 | 水稻田 | 防护林 | 菜园地 | 玉米田 | 水稻田 |
| 低平原 | 防护林 | 1 | | | | | | | | | | | |
| | 菜园地 | 0.333 | 1 | | | | | | | | | | |
| | 玉米田 | 0.417 | 0.444 | 1 | | | | | | | | | |
| | 水稻田 | 0.083 | 0.125 | 0 | 1 | | | | | | | | |
| 台地 | 防护林 | 0.385 | 0.400 | 0.375 | 0.125 | 1 | | | | | | | |
| | 菜园地 | 0.417 | 0.444 | 0.444 | 0.200 | 0.375 | 1 | | | | | | |
| | 玉米田 | 0.353 | 0.500 | 0.444 | 0.143 | 0.625 | 0.500 | 1 | | | | | |
| | 水稻田 | 0.077 | 0.125 | 0.143 | 0.500 | 0.167 | 0.167 | 0.143 | 1 | | | | |
| 低山丘陵 | 防护林 | 0.429 | 0.600 | 0.300 | 0.125 | 0.556 | 0.625 | 0.500 | 0.111 | 1 | | | |
| | 菜园地 | 0.462 | 0.500 | 0.333 | 0.200 | 0.444 | 0.714 | 0.556 | 0.125 | 0.667 | 1 | | |
| | 玉米田 | 0.538 | 0.667 | 0.500 | 0.143 | 0.625 | 0.714 | 0.750 | 0.125 | 0.667 | 0.750 | 1 | |
| | 水稻田 | 0.077 | 0.111 | 0 | 0 | 0.143 | 0 | 0.143 | 0.333 | 0.125 | 0.250 | 0.125 | 1 |

大型土壤动物群落间相似性指数最高的是低山丘陵玉米田与台地玉米田和低山丘陵菜园地间的相似性指数,同为0.750,最小值是0,均是低山丘陵水稻田与其他样地之间的相似性系数。分析不同利用类型样地间的相似性可以看出,水稻田与其他旱田样地间的相似性指数明显低于同为旱田样地间或同为水稻田样地间的相似性指数,这说明相似的土壤环境会导致大型土壤动物群落组成比较接近。

## 1.5　大型土壤动物生物量对不同利用方式的响应

　　对 3 处取样地不同利用方式大型土壤动物湿重进行测量,统计结果见图 3-1。从图 3-1 中可以看出,防护林用地方式在 3 个调查区域获得的大型土壤动物生物量都是最高,水稻田获得的大型土壤动物生物量最低,这与防护林和水稻田的环境特征有密切联系,防护林中枯枝落叶较多,土壤养分含量相对较高,比较有利于土壤动物生存。水稻田中土壤含水量较高,对于很多大型土壤动物生存不能够提供足够的氧气,使得大型土壤动物数量很少,生物量也很低。菜园地和玉米田是两种受人为干扰较为严重的农田系统,干扰对土壤动物的生存产生一定的限制作用,尤其是对于表层土壤,影响更为明显,使得菜园地和玉米田土壤动物生物量没有防护林的高。

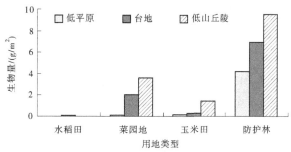

图 3-1　不同利用方式大型土壤动物生物量

## 1.6　土壤环境因子与大型土壤动物群落关系分析

　　对不同利用方式下土壤环境因子与大型土壤动物的个体数、类群数及生物量间相关系数和回归方程进行分析,结果见表 3-5。

表 3-5　大型土壤动物与环境因子间回归方程及相关系数

| 土壤环境因子 | 个体数 | | 类群数 | | 生物量 | |
| --- | --- | --- | --- | --- | --- | --- |
| | 回归方程 | 相关系数 | 回归方程 | 相关系数 | 回归方程 | 相关系数 |
| pH | $Y=-2\ 236.052+364.721X$ | $0.603^*$ | $Y=-14.737+3.046X$ | $0.638^*$ | $Y=-12.238+2.163X$ | $0.446$ |
| 含水量/(g/kg) | $Y=351.496-6.84X$ | $-0.153$ | $Y=9.154-0.183X$ | $-0.519$ | $Y=6.137-0.207X$ | $-0.579$ |
| 全氮/(g/kg) | $Y=886.885-1\ 264.680X$ | $-0.178$ | $Y=-0.499+12.142X$ | $0.216$ | $Y=9.116-12.935X$ | $-0.227$ |
| 全磷/(g/kg) | $Y=445.085-0.024X$ | $-0.246$ | $Y=5.900-7.376E\text{-}6X$ | $-0.010$ | $Y=2.394-2.662E\text{-}6X$ | $-0.003$ |
| 全钾/(g/kg) | $Y=4\ 608.003-6.150X$ | $-0.352$ | $Y=25.550-0.028X$ | $-0.201$ | $Y=19.011-0.023X$ | $-0.167$ |
| 有机质/(g/kg) | $Y=-615.855+27.854X$ | $0.779^{**}$ | $Y=1.457+0.145X$ | $0.512$ | $Y=-1.795+0.138X$ | $0.280$ |

注:* 为双尾检验在 0.05 水平上显著相关;** 为双尾检验在 0.01 水平上显著相关。

大型土壤动物个体数与土壤 pH 和有机质间表现出显著的正相关性($P<0.05$),与含水量、全氮、全磷和全钾之间表现出一定的负相关性,但相关性不明显($P>0.05$);类群数与土壤 pH 间呈现显著的正相关($P<0.05$),与含水量、有机质间相关系数较高,但与含水量间表现为负相关;生物量与 pH 和含水量间具有一定的相关性,但相关性不明显($P>0.05$),与其他土壤环境因子间相关系数较低。

## 1.7　大型土壤动物与不同利用方式之间关系分析

对大型土壤动物个体数量与农田利用方式、取样地点及不同动物类群之间进行多因素方差分析,结果见表 3-6。

表 3-6　不同农田利用方式大型土壤动物多因素分析

| 变异来源 | $SS$(离均方差平方和) | $df$(自由度) | $MS$(均方) | $F$(统计量) | $Sig.$(显著性) |
|---|---|---|---|---|---|
| 校正模型 | 334 913.708[a] | 20 | 16 745.685 | 2.560 | 0.001 |
| 利用方式 | 57 011.167 | 3 | 19 003.722 | 2.905 | 0.036 |
| 取样地点 | 9 698.042 | 2 | 4 849.021 | 0.741 | 0.478 |
| 动物类群 | 268 204.500 | 15 | 17 880.300 | 2.733 | 0.001 |
| 误差 | 1 118 569.958 | 171 | 6 541.345 | | |
| 总计 | 1 492 244.000 | 192 | | | |
| 校正总计 | 1 453 483.667 | 191 | | | |

大型土壤动物在不同利用方式、不同取样地点及不同动物类群的综合作用差异显著($F=2.560$,$P=0.001$),对各因素分别分析可以看出,大型土壤动物数量特征受利用方式、动物类群的影响比较明显($F=2.905$,$P=0.036$;$F=2.733$,$P=0.001$),而在不同取样地点之间差异不显著($F=0.741$,$P=0.478$)。

# 第 2 节　农田中小型土壤动物群落对不同利用方式的响应

## 2.1　中小型土壤动物种类和数量对不同利用方式的响应

对三个研究区域内不同利用方式土壤动物调查获得中小型土壤动物 14 026 头,隶属于环节动物门和节肢动物门 2 门,昆虫纲、蛛形纲、多足纲、寡毛纲和弹尾纲 5 纲、17 目。不同利用方式中小型土壤动物种类组成和数量特征见表 3-7。

调查获得的中小型土壤动物中,优势类群为中气门亚目,占个体总数的 79.04%,常见类群包括棘跳虫科、等节跳科、前气门亚目、长角跳科和线蚓科 5 个类群,占个体总数的 16.70%,稀有类群和极稀有类群包括跳虫科等 53 个类群,占总个体数的 4.26%。3 个调查区域不同利用类型中小型土壤动物个体数表现为防护林>菜园地>玉米田>水稻田,类群数表现为防护林>玉米田>菜园地=水稻田。相同用地类型在不同区域个体数和类群数具有一定的差异性,防护林样地在低山丘陵中小型土壤动物个体数最高,占防护林中小型土壤动物总数的 61%,在台地具有较高的类群数量;菜园地类型在低山丘陵具有最高的个体数和类群

表3-7　不同利用方式中小型土壤动物种类组成和数量特征

单位：头

| 中小型土壤动物 | 旱田 防护林 低平原 | 台地 | 低山丘陵 | 小计 | 个体数占防护林总个体数的百分比/% | 菜园地 低平原 | 台地 | 低山丘陵 | 小计 | 个体数占菜园地总个体数的百分比/% | 玉米田 低平原 | 台地 | 低山丘陵 | 小计 | 个体数占玉米田总个体数的百分比/% | 水田 水稻田 低平原 | 台地 | 低山丘陵 | 小计 | 个体数占水稻田总个体数的百分比/% | 合计 | 个体数占样地总个体数的百分比/% | 多度 |
|---|---|---|---|---|---|---|---|---|---|---|---|---|---|---|---|---|---|---|---|---|---|---|---|
| 中气门亚目 Mesostigmata | 439 | 989 | 2 570 | 3 998 | 79.53 | 230 | 989 | 2 368 | 3 587 | 73.99 | 595 | 1 678 | 1 192 | 3 465 | 85.72 | 3 | 13 | 20 | 36 | 33.03 | 11 086 | 79.04 | +++ |
| 棘跳虫科 Onychiuridae | | 3 | 239 | 242 | 4.81 | 17 | 12 | 512 | 541 | 11.16 | 1 | 8 | 101 | 110 | 2.72 | | | | | | 893 | 6.37 | ++ |
| 等节跳科 Isotomidae | 229 | 34 | 112 | 375 | 7.46 | 86 | 33 | 26 | 145 | 2.99 | 53 | 23 | 110 | 186 | 4.60 | | 4 | 7 | 11 | 10.09 | 717 | 5.11 | ++ |
| 前气门亚目 Prostigmata | 10 | 6 | 7 | 23 | 0.46 | 81 | 220 | 41 | 342 | 7.05 | 42 | 13 | 2 | 57 | 1.41 | 1 | | 1 | 2 | 1.83 | 424 | 3.02 | ++ |
| 长角跳虫科 Entomobryidae | 23 | 2 | 14 | 39 | 0.78 | 66 | 4 | | 70 | 1.44 | 15 | 15 | 11 | 41 | 1.01 | | 5 | 6 | 11 | 10.09 | 161 | 1.15 | ++ |
| 线蚓科 Enchytraeidae | 23 | 5 | 42 | 70 | 1.39 | | 4 | 24 | 28 | 0.58 | 6 | 3 | 39 | 48 | 1.19 | | 1 | | 1 | 0.92 | 147 | 1.05 | ++ |
| 跳虫科 Poduridae | 19 | 8 | | 27 | 0.54 | 8 | 14 | 5 | 27 | 0.56 | 8 | 3 | 17 | 28 | 0.69 | | 1 | 3 | 4 | 3.67 | 86 | 0.61 | + |
| 隐翅甲科 Staphylinidae | 15 | 7 | 11 | 33 | 0.66 | 2 | 2 | 17 | 21 | 0.43 | 8 | 3 | 10 | 21 | 0.52 | | | | | | 75 | 0.53 | + |

续表3-7

| 中小型土壤动物 | 防护林 低平原 | 防护林 台地 | 防护林 低山丘陵 | 防护林 小计 | 个体数占防护林总个体数的百分比/% | 菜园地 低平原 | 菜园地 台地 | 菜园地 低山丘陵 | 菜园地 小计 | 个体数占菜园地总个体数的百分比/% | 玉米田 低平原 | 玉米田 台地 | 玉米田 低山丘陵 | 玉米田 小计 | 个体数占玉米田总个体数的百分比/% | 水稻田 低平原 | 水稻田 台地 | 水稻田 低山丘陵 | 水稻田 小计 | 个体数占水稻田总个体数的百分比/% | 合计 | 个体数占样地总个体数的百分比/% | 多度 |
|---|---|---|---|---|---|---|---|---|---|---|---|---|---|---|---|---|---|---|---|---|---|---|---|
| 甲螨亚目 Oribatida | 23 | | 7 | 7 | 0.14 | | | 42 | 42 | 0.87 | | | 5 | 5 | 0.12 | | | | | | 54 | 0.38 | + |
| 金龟甲科 Scarabaeidae | 25 | 11 | 1 | 34 | 0.68 | 1 | | 7 | 8 | 0.17 | | | 3 | 3 | 0.07 | | | 1 | 1 | 0.92 | 46 | 0.33 | + |
| 蚊科 Formicidae | 2 | 3 | 2 | 29 | 0.58 | 1 | 1 | | 2 | 0.04 | 3 | | 2 | 5 | 0.12 | 1 | 2 | | 3 | 2.75 | 39 | 0.28 | + |
| 剑虻科 Therevidae | 1 | 1 | 6 | 5 | 0.10 | | | | | | | 4 | | 4 | 0.10 | 1 | | 12 | 13 | 11.93 | 22 | 0.16 | + |
| 步甲科 Carabidae | | 3 | | 10 | 0.20 | | | 2 | 2 | 0.04 | 1 | | 9 | 10 | 0.25 | | | | | | 22 | 0.16 | + |
| 蚜科 Aphididae | | 20 | 5 | 20 | 0.40 | 2 | | | | | | | | | | | | | | | 20 | 0.14 | + |
| 蕈蚊科 Mycetophilidae | 6 | | 5 | 11 | 0.22 | | | | 2 | 0.04 | 2 | | 1 | 3 | 0.07 | | | 3 | 3 | 2.75 | 19 | 0.14 | + |
| 蜘蛛目 Araneida | 2 | 4 | | 11 | 0.22 | 1 | 1 | 3 | 4 | 0.08 | 1 | | | 1 | 0.02 | | | 1 | 1 | 0.92 | 17 | 0.12 | + |

续表 3-7

| 中小型土壤动物 | 旱田 防护林 | | | | | 旱田 菜园地 | | | | | 旱田 玉米田 | | | | | 水田 水稻田 | | | | | 合计 | 个体数占样地总个体数的百分比/% | 多度 |
|---|---|---|---|---|---|---|---|---|---|---|---|---|---|---|---|---|---|---|---|---|---|---|---|
| | 低平原 | 台地 | 低山丘陵 | 小计 | 个体数占防护林总个体数的百分比/% | 低平原 | 台地 | 低山丘陵 | 小计 | 个体数占菜园地总个体数的百分比/% | 低平原 | 台地 | 低山丘陵 | 小计 | 个体数占玉米田总个体数的百分比/% | 低平原 | 台地 | 低山丘陵 | 小计 | 个体数占水稻田总个体数的百分比/% | | | |
| 石蜈蚣目 Lithobiomorpha | 1 | 9 | | 10 | 0.20 | | | | | | 3 | | 4 | 7 | 0.17 | | | | | | 17 | 0.12 | + |
| 大蚊科 Tipulidae | 1 | 1 | 9 | 11 | 0.22 | | | | | | | 1 | 2 | 3 | 0.07 | 3 | | | 3 | 2.75 | 17 | 0.12 | + |
| 圆跳虫科 Sminthuridae | 8 | | | 8 | 0.16 | 2 | 1 | 1 | 4 | 0.08 | | 1 | 2 | 3 | 0.07 | | | | | | 15 | 0.11 | + |
| 叩甲科 Elateridae | | 8 | 1 | 9 | 0.18 | | | 2 | 2 | 0.04 | | 1 | 1 | 2 | 0.05 | | 1 | | 1 | 0.92 | 14 | 0.10 | + |
| 郭公虫科 Cleridae | 10 | | | 10 | 0.20 | | | | | | | | | | | | | | | | 10 | 0.07 | – |
| 地蜈蚣目 Geophilomorpha | | 2 | | 2 | 0.04 | | | 7 | 7 | 0.14 | 1 | | | 1 | 0.02 | | | | | | 10 | 0.07 | – |
| 蝙蝠蛾科 Hepialidae | | 9 | | 9 | 0.18 | | | 1 | 1 | 0.02 | | | | | | | | | | | 10 | 0.07 | – |
| 蚋科 Simuliidae | 1 | 1 | | 2 | 0.04 | | 1 | | 1 | 0.02 | | | | | | 3 | 2 | | 5 | 4.59 | 8 | 0.06 | – |

续表 3-7

| 中小型土壤动物 | 防护林 低平原 | 防护林 台地 | 防护林 低山丘陵 | 防护林 小计 | 防护林 个体数占防护林总个体数百分比/% | 菜园地 低平原 | 菜园地 台地 | 菜园地 低山丘陵 | 菜园地 小计 | 菜园地 个体数占菜园地总个体数百分比/% | 玉米田 低平原 | 玉米田 台地 | 玉米田 低山丘陵 | 玉米田 小计 | 玉米田 个体数占玉米田总个体数百分比/% | 水稻田 低平原 | 水稻田 台地 | 水稻田 低山丘陵 | 水稻田 小计 | 水稻田 个体数占水稻田总个体数百分比/% | 合计 | 个体数占样地总个体数的百分比/% | 多度 |
|---|---|---|---|---|---|---|---|---|---|---|---|---|---|---|---|---|---|---|---|---|---|---|---|
| 拟步甲科 Tenebrionidae | | | 1 | 1 | 0.02 | | | | | | | | 7 | 7 | 0.17 | | | | | | 8 | 0.06 | — |
| 葬甲科 Silphidae | | | | | | 1 | | 1 | 2 | 0.04 | 4 | | 1 | 5 | 0.12 | | | | | | 7 | 0.05 | — |
| 出尾蕈甲科 Scaphidiidae | | 1 | 3 | 4 | 0.08 | | | | | | | 1 | 2 | 3 | 0.07 | | | | | | 7 | 0.05 | — |
| 正蚓科 Lumbricidae | | | | | | | 1 | 3 | 4 | 0.08 | | 1 | 1 | 2 | 0.05 | | | | | | 6 | 0.04 | — |
| 蚤蝇科 Phoridae | | | | | | 1 | | 1 | 2 | 0.04 | | | 2 | 2 | 0.05 | | 1 | 1 | 2 | 1.83 | 6 | 0.04 | — |
| 摇蚊科 Chironomidae | | | 1 | 1 | 0.02 | | | | | | | | 5 | 5 | 0.12 | | | | | | 6 | 0.04 | — |
| 鳞跳虫科 Tomoceridae | | | | | | | 1 | 1 | 2 | 0.04 | | | 4 | 4 | 0.10 | | | | | | 6 | 0.04 | — |
| 舞虻科 Empididae | | | 5 | 5 | 0.10 | | | | | | | | | | | | | | | | 5 | 0.04 | — |

续表3-7

| 中小型土壤动物 | 防护林 低平原 | 台地 | 低山丘陵 | 小计 | 个体数占防护林总个体数的百分比/% | 旱田 菜园地 低平原 | 台地 | 低山丘陵 | 小计 | 个体数占菜园地总个体数的百分比/% | 玉米田 低平原 | 台地 | 低山丘陵 | 小计 | 个体数占玉米田总个体数的百分比/% | 水田 水稻田 低平原 | 台地 | 低山丘陵 | 小计 | 个体数占水稻田总个体数的百分比/% | 合计 | 个体数占样地总个体数的百分比/% | 多度 |
|---|---|---|---|---|---|---|---|---|---|---|---|---|---|---|---|---|---|---|---|---|---|---|---|
| 蚱总科 Eumastacoidea | 1 | 2 | | 2 | 0.04 | | | | | | | 1 | | 1 | 0.02 | | 0 | 1 | 1 | 0.92 | 4 | 0.03 | – |
| 毛角蜱科 Schizopteridae | | | | | | | | | | | | | | | | 3 | | | 3 | 2.75 | 3 | 0.02 | – |
| 花蜱科 Anthocoridae | | | | | | | | | | | | 3 | | 3 | 0.07 | | | | | | 3 | 0.02 | – |
| 虎甲科 Cicindelidae | | 1 | | 1 | 0.02 | | | | | | | 1 | | 1 | 0.02 | | | 1 | 1 | 0.92 | 3 | 0.02 | – |
| 蚱总科 Tetrigoidea | | 1 | | 1 | 0.02 | | | | | | 1 | | | 1 | 0.02 | | | | | | 2 | 0.01 | – |
| 鹬虻科 Rhagionidae | | | 1 | 1 | 0.02 | | | | | | | | 1 | 1 | 0.02 | | | | | | 2 | 0.01 | – |
| 线虫纲 Nematoda | 2 | | | 2 | 0.04 | | | | | | | | | | | | | | | | 2 | 0.01 | – |
| 天蛾科 Sphingidae | | | | | | | | | | | | | 2 | 2 | 0.05 | | | | | | 2 | 0.01 | – |

续表3-7

| 中小型土壤动物 | 防护林 低平原 | 防护林 台地 | 防护林 低山丘陵 | 防护林 小计 | 个体数占防护林总个体数的百分比/% | 菜园地 低平原 | 菜园地 台地 | 菜园地 低山丘陵 | 菜园地 小计 | 个体数占菜园地总个体数的百分比/% | 玉米田 低平原 | 玉米田 台地 | 玉米田 低山丘陵 | 玉米田 小计 | 个体数占玉米田总个体数的百分比/% | 水稻田 低平原 | 水稻田 台地 | 水稻田 低山丘陵 | 水稻田 小计 | 个体数占水稻田总个体数的百分比/% | 合计 | 个体数占样地总个体数的百分比/% | 多度 |
|---|---|---|---|---|---|---|---|---|---|---|---|---|---|---|---|---|---|---|---|---|---|---|---|
| 石蛾科 Phrganeidae | | 1 | 1 | 2 | 0.04 | | | | | | | | | | | | | | | | 2 | 0.01 | — |
| 绵蚧科 Spongighoridae | | 2 | | 2 | 0.04 | | | | | | | | | | | | | | | | 2 | 0.01 | — |
| 蠓科 Geratopogonidae | | 1 | | 1 | 0.02 | | | | | | | | | | | | 1 | | 1 | 0.92 | 2 | 0.01 | — |
| 卷叶蛾科 Hepialidae | | | | | | | 1 | | 1 | 0.02 | | | | | | | | 1 | 1 | 0.92 | 2 | 0.01 | — |
| 飞虱科 Delphacidae | | 2 | | 2 | 0.04 | | | | | | | | | | | | | | | | 2 | 0.01 | — |
| 尺蛾科 Geometridae | | 1 | 1 | 2 | 0.04 | | | | | | | | | | | | | | | | 2 | 0.01 | — |
| 舟蛾科 Notodontidae | | 1 | | 1 | 0.02 | | | | | | | | | | | | | | | | 1 | 0.01 | — |
| 蚤蝼总科 Tridactyloidea | | | | | | | | 1 | 1 | 0.02 | | | | | | | | | | | 1 | 0.01 | — |

续表 3-7

| 中小型土壤动物 | 旱田 防护林 低平原 | 台地 | 低山丘陵 | 小计 | 个体数占防护林总个体数的百分比/% | 菜园地 低平原 | 台地 | 低山丘陵 | 小计 | 个体数占菜园地总个体数的百分比/% | 玉米田 低平原 | 台地 | 低山丘陵 | 小计 | 个体数占玉米田总个体数的百分比/% | 水田 水稻田 低平原 | 台地 | 低山丘陵 | 小计 | 个体数占水稻总个体数的百分比/% | 合计 | 个体数占样地总个体数的百分比/% | 多度 |
|---|---|---|---|---|---|---|---|---|---|---|---|---|---|---|---|---|---|---|---|---|---|---|---|
| 瘿蚊科 Cecidomyiidae | | | | | | | | | | | | | | | | | 1 | | 1 | 0.92 | 1 | 0.01 | – |
| 隐食甲科 Cryptophagidae | | 1 | | 1 | 0.02 | | | | | | | | | | | | | | | | 1 | 0.01 | – |
| 蠼螋科 Forficulidae | 1 | | | 1 | 0.02 | | | | | | | | | | | | | | | | 1 | 0.01 | – |
| 球角跳科 Hypogastruridae | | | | | | | | | | | 1 | | | 1 | 0.02 | | | | | | 1 | 0.01 | – |
| 毛蠓科 Psychodidae | | | | | | | | | | | | | 1 | 1 | 0.02 | | | | | | 1 | 0.01 | – |
| 邻毛蚊科 Scatopsidae | | | | | | | | | | | | | | | | 1 | | | 1 | 0.92 | 1 | 0.01 | – |
| 丽蝇科 Calliphoridae | | | | | | | | | | | | | | | | 1 | | | 1 | 0.92 | 1 | 0.01 | – |
| 蓟马科 Thripidae | | | | | | | | | | | | | | | | | 1 | | 1 | 0.92 | 1 | 0.01 | – |

续表 3-7

| 中小型土壤动物 | 旱田 防护林 低平原 | 台地 | 低山丘陵 | 小计 | 个体数占防护林总个体数的百分比/% | 菜园地 低平原 | 台地 | 低山丘陵 | 小计 | 个体数占菜园地总个体数的百分比/% | 玉米田 低平原 | 台地 | 低山丘陵 | 小计 | 个体数占玉米田总个体数的百分比/% | 水田 水稻田 低平原 | 台地 | 低山丘陵 | 小计 | 个体数占水稻田总个体数的百分比/% | 合计 | 个体数占样地个体总数的百分比/% | 多度 |
|---|---|---|---|---|---|---|---|---|---|---|---|---|---|---|---|---|---|---|---|---|---|---|---|
| 姬蜂总科 Ichneumonoidea | | 1 | | 1 | 0.02 | | | | | | | | | | | | | | | | 1 | 0.01 | — |
| 果蝇科 Calliphoridae | | | | | | | | | | | | | | | | | | 1 | 1 | 0.92 | 1 | 0.01 | — |
| 长尾小蜂科 Torymidae | | 1 | | 1 | 0.02 | | | | | | | | | | | | | | | | 1 | 0.01 | — |
| 总计 | 822 | 1 139 | 3 066 | 5 027 | 100 | 499 | 1 285 | 3 064 | 4 848 | 100 | 737 | 1 768 | 1 537 | 4 042 | 100 | 17 | 32 | 60 | 109 | 100 | 14 026 | 100 | |
| 类群数 | 19 | 31 | 25 | 43 | | 14 | 15 | 19 | 25 | | 16 | 17 | 26 | 35 | | 9 | 11 | 15 | 25 | | 59 | | |

注：表中数据误差均是由计算误差引起的。

数量,个体数占总数的 63.20%;玉米田的个体数在台地最高,其次为低山丘陵,低平原最少,比其他两处少一半还多,类群数在低山丘陵最高,低平原最低;3 个区域水稻田中小型土壤动物在低山丘陵最多,为 15 类、60 头,低平原最少,为 9 类、17 头。在低平原中小型土壤动物个体数量表现为防护林>玉米田>菜园地>水稻田,类群数为防护林>玉米田>菜园地>水稻田;台地中小型土壤动物个体数量为玉米田>菜园地>防护林>水稻田,类群数表现为防护林>玉米田>菜园地>水稻田;低山丘陵中小型土壤动物个体数量为防护林>菜园地>玉米田>水稻田,类群数表现为玉米田>防护林>菜园地>水稻田。

## 2.2　中小型土壤动物群落特征指数对农田不同利用方式的响应

根据第 2 章第 4 节中群落特征指数计算公式分别对不同利用方式中小型土壤动物的 Shannon-Wiener 多样性指数、Pielou 均匀度指数、Simpson 优势度指数和 Margalef 丰富度指数进行计算,结果见表 3-8。

表 3-8　不同利用方式中小型土壤动物多样性指数

| 项目 | 低平原 | | | | 台地 | | | | 低山丘陵 | | | |
| --- | --- | --- | --- | --- | --- | --- | --- | --- | --- | --- | --- | --- |
| | 防护林 | 菜园地 | 玉米田 | 水稻田 | 防护林 | 菜园地 | 玉米田 | 水稻田 | 防护林 | 菜园地 | 玉米田 | 水稻田 |
| Shannon-Wiener 多样性指数 | 1.210 | 1.102 | 0.753 | 0.991 | 0.656 | 0.713 | 0.267 | 1.488 | 0.588 | 0.719 | 0.762 | 1.466 |
| Pielou 均匀度指数 | 0.526 | 0.615 | 0.327 | 0.715 | 0.256 | 0.310 | 0.122 | 0.764 | 0.255 | 0.312 | 0.331 | 0.705 |
| Simpson 优势度指数 | 0.393 | 0.369 | 0.665 | 0.469 | 0.757 | 0.624 | 0.902 | 0.285 | 0.719 | 0.630 | 0.628 | 0.274 |
| Margalef 丰富度指数 | 1.341 | 0.805 | 1.363 | 1.137 | 1.705 | 1.257 | 1.070 | 1.731 | 1.121 | 1.121 | 1.227 | 1.710 |

从表 3-8 可以看出,中小型土壤动物 Shannon-Wiener 多样性指数、Pielou 均匀度指数、Simpson 优势度指数及 Margalef 丰富度指数在不同利用方式农田系统差异较大,中小型土壤动物 Shannon-Wiener 多样性指数、Pielou 均匀度指数和 Margalef 丰富度指数在水稻田表现出较高的现象,主要是因为水稻田动物种类较少,但每种类群数量比较均匀,导致在水稻田中相关指数偏高。

不同群落多样性指数在表示群落特征方面具有不同的含义,每个多样性指数在计算时都会有所偏重,因此在进行分析多样性指数时,要综合分析引起指数差异的原因。

## 2.3　中小型土壤动物群落垂直结构对不同利用方式的响应

对不同利用方式农田生态系统中小型土壤动物个体数和类群数分层进行统计,结果见表 3-9。

表 3-9　不同利用方式农田生态系统中小型土壤动物个体数和类群数的垂直分布

| 项目 | 地形部位 | 土层 | 防护林 | 菜园地 | 玉米田 | 水稻田 |
|---|---|---|---|---|---|---|
| 个体数 | 低平原 | 0~5 cm | 535 | 167 | 326 | 6 |
| | | 5~10 cm | 181 | 143 | 158 | 5 |
| | | 10~15 cm | 93 | 96 | 91 | 1 |
| | | 15~20 cm | 11 | 93 | 162 | 2 |
| | 台地 | 0~5 cm | 529 | 354 | 580 | 19 |
| | | 5~10 cm | 305 | 550 | 574 | 5 |
| | | 10~15 cm | 153 | 190 | 305 | 4 |
| | | 15~20 cm | 152 | 191 | 309 | 4 |
| | 低山丘陵 | 0~5 cm | 1 872 | 1 070 | 487 | 25 |
| | | 5~10 cm | 559 | 772 | 316 | 17 |
| | | 10~15 cm | 365 | 630 | 313 | 13 |
| | | 15~20 cm | 270 | 592 | 421 | 5 |
| 类群数 | 低平原 | 0~5 cm | 8 | 6 | 7 | 5 |
| | | 5~10 cm | 6 | 5 | 6 | 3 |
| | | 10~15 cm | 7 | 5 | 5 | 1 |
| | | 15~20 cm | 7 | 3 | 6 | 1 |
| | 台地 | 0~5 cm | 8 | 5 | 7 | 5 |
| | | 5~10 cm | 6 | 7 | 6 | 3 |
| | | 10~15 cm | 5 | 4 | 6 | 2 |
| | | 15~20 cm | 5 | 5 | 7 | 2 |
| | 低山丘陵 | 0~5 cm | 8 | 5 | 9 | 4 |
| | | 5~10 cm | 5 | 3 | 8 | 3 |
| | | 10~15 cm | 5 | 3 | 8 | 3 |
| | | 15~20 cm | 4 | 4 | 6 | 2 |

　　对不同用地方式农田生态系统中小型土壤动物个体数和类群数垂直分布情况进行分析,结果显示,多数样地个体数量在0~5 cm最高,向下逐渐减少,表现出明显的表聚性特征;类群数的垂直分布也基本表现出这一特征,这说明,相比较大型土壤动物,中小型土壤动物垂直分布的表聚性更为明显,一般的人为干扰不会对这种垂直分布规律造成影响。

## 2.4 不同利用方式农田生态系统中小型土壤动物群落相似性分析

采用式（2-13）Jaccard 相似性指数计算公式，对 3 个调查区域的 4 种不同利用方式农田生态系统中小型土壤动物群落相似性指数进行计算，结果见表 3-10。

**表 3-10 不同利用方式农田生态系统中小型土壤动物群落相似性**

| 地形部位 | 利用方式 | 低平原 | | | | 台地 | | | | 低山丘陵 | | | |
|---|---|---|---|---|---|---|---|---|---|---|---|---|---|
| | | 防护林 | 菜园地 | 玉米田 | 水稻田 | 防护林 | 菜园地 | 玉米田 | 水稻田 | 防护林 | 菜园地 | 玉米田 | 水稻田 |
| 低平原 | 防护林 | 1 | | | | | | | | | | | |
| | 菜园地 | 0.600 | 1 | | | | | | | | | | |
| | 玉米田 | 0.900 | 0.600 | 1 | | | | | | | | | |
| | 水稻田 | 0.400 | 0.667 | 0.400 | 1 | | | | | | | | |
| 台地 | 防护林 | 0.769 | 0.462 | 0.643 | 0.308 | 1 | | | | | | | |
| | 菜园地 | 0.667 | 0.600 | 0.667 | 0.400 | 0.643 | 1 | | | | | | |
| | 玉米田 | 0.462 | 0.500 | 0.462 | 0.300 | 0.467 | 0.583 | 1 | | | | | |
| | 水稻田 | 0.308 | 0.625 | 0.417 | 0.375 | 0.429 | 0.545 | 0.333 | 1 | | | | |
| 低山丘陵 | 防护林 | 0.667 | 0.600 | 0.818 | 0.400 | 0.643 | 0.818 | 0.462 | 0.545 | 1 | | | |
| | 菜园地 | 0.429 | 0.333 | 0.538 | 0.167 | 0.533 | 0.667 | 0.583 | 0.308 | 0.667 | 1 | | |
| | 玉米田 | 0.667 | 0.600 | 0.667 | 0.400 | 0.643 | 0.818 | 0.583 | 0.545 | 0.667 | 0.538 | 1 | |
| | 水稻田 | 0.636 | 0.556 | 0.636 | 0.333 | 0.615 | 0.636 | 0.700 | 0.364 | 0.636 | 0.636 | 0.500 | 1 |

中小型土壤动物群落相似性指数最高的为低平原防护林与玉米田之间，相似性指数为 0.900，最小值为台地玉米田与低平原水稻田之间，相似性指数为 0.300，分析水田与旱田的相似性指数能够看出，大多数水田与旱地之间群落相似性指数偏低，但低山丘陵水稻田与其他样地之间相似性指数较高，这主要是由于低山丘陵水稻田中获得的中小型土壤动物种类和数量较多。

比较大型和中小型土壤动物群落相似性指数可以看出，中小型土壤动物群落相似性指数较大，平均值为 0.547，而大型土壤动物群落相似性指数平均值仅为 0.341，表现出中小型土壤动物群落相似性指数明显高于大型土壤动物相似性指数的特征，这说明不同样地间中小型土壤动物群落差异不大，而大型土壤动物群落间差异较为明显。

## 2.5　土壤环境因子与中小型土壤动物群落关系分析

对不同利用方式下土壤环境因子与中小型土壤动物的个体数和类群数间相关系数和回归方程进行分析,结果见表3-11。

表 3-11　中小型土壤动物与土壤环境因子间回归方程及相关系数

| 土壤环境因子 | 个体数 | | 类群数 | |
|---|---|---|---|---|
| | 回归方程 | 相关系数 | 回归方程 | 相关系数 |
| pH | $Y=-1\,938.624+460.018X$ | 0.282 | $Y=-3.439+1.829X$ | 0.504 |
| 含水量/(g/kg) | $Y=2\,764.572-87.930X$ | $-0.730^{**}$ | $Y=12.200-0.181X$ | $-0.676^{*}$ |
| 全氮/(g/kg) | $Y=3\,047.972-3\,604.019X$ | $-0.188$ | $Y=17.664-16.772X$ | $-0.394$ |
| 全磷/(g/kg) | $Y=711.562+0.051X$ | 0.191 | $Y=7.278+0.001X$ | 0.309 |
| 全钾/(g/kg) | $Y=-2\,414.856+5.030X$ | 0.107 | $Y=-1.585+0.015X$ | 0.141 |
| 有机质/(g/kg) | $Y=435.505+24.211X$ | 0.251 | $Y=6.199+0.090X$ | 0.419 |

注:* 为双尾检验在 0.05 水平上显著相关;** 为双尾检验在 0.01 水平上显著相关。

中小型土壤动物个体数和类群数与土壤含水量间表现出明显的负相关性($P<0.05$),与 pH、全磷、全钾及有机质之间表现为正相关,但相关性不明显($P>0.05$),与全氮间的表现为负相关,但相关性不显著。

## 2.6　中小型土壤动物与不同利用方式之间关系分析

对中小型土壤动物个体数量与农田利用方式、取样地点以及不同动物类群之间进行多因素方差分析,结果见表3-12。

表 3-12　不同农田利用方式中小型土壤动物多因素分析

| 变异来源 | SS(离均方差平方和) | df(自由度) | MS(均方) | F(F统计量) | Sig.(显著性) |
|---|---|---|---|---|---|
| 校正模型 | 10 149 715.564 | 21 | 483 319.789 | 10.241 | 0.000 |
| 利用方式 | 312 855.270 | 3 | 104 285.090 | 2.210 | 0.089 |
| 取样地点 | 239 766.539 | 2 | 119 883.270 | 2.540 | 0.082 |
| 动物类群 | 9 597 093.755 | 16 | 599 818.360 | 12.709 | 0.000 |
| 误差 | 8 589 734.608 | 182 | 47 196.344 | | |
| 总计 | 19 703 119.000 | 204 | | | |
| 校正的总计 | 18 739 450.172 | 203 | | | |

　　分析中小型土壤动物数量与利用方式、取样地点及动物类群之间的关系也表现出与大型土壤动物相同的特征,这 3 个因素综合作用对中小型土壤动物具有显著影响($F=0.241,P<0.001$),但不同因素对中小型土壤动物作用程度不同,动物类群不同会导致中小型土壤动物的显著差异($F=12.709,P<0.001$),而农田利用方式、土壤动物取样地点对中小型土壤动物个体数量影响不明显($F=2.210,P=0.089;F=2.540,P=0.082$)。

# 第 3 节　本章小结

　　本次研究通过对松嫩平原东部三处不同地貌部位区域的四种不同利用方式农田生态系统土壤动物进行调查分析,旨在分析农田生态系统不同利用方式下土壤动物的特征。调查共获得大型土壤动物 3 017 头,隶属环节动物门、软体动物门和节肢动物门 3 门,昆虫纲、蛛形纲、寡毛纲、多足纲、腹足纲和原尾纲 6 纲、16 目;中小型土壤动物 14 026 头,隶属环节动物门和节肢动物门 2 门,昆虫纲、蛛形纲、多足纲、寡毛纲和弹尾纲 5 纲、17 目。

　　不同利用方式和不同动物类群条件下,土壤动物数量差异显著,土壤动物在不同取样区域间不具有显著差异性,不同利用方式条件下,土壤动物群落个体数和类群数相差很大,防护林样地由于环境适宜、干扰较少,个体数和类群数均比其他类型样地多,水稻田土壤动物个体数和类群数最少;大型土壤动物和中小型土壤动物在不同利用方式样地中,结构特征具有不同的表现,表层大型土壤动物受干扰影响比中小型土壤动物敏感,环境条件的变化会改变土壤动物群落组成和数量特征。

# 第4章 土壤动物群落对农田防护林结构位置的响应

农田防护林带作为农田生态系统中的人工林组分,是农业景观中重要的廊道成分,该廊道的存在会使土壤动物分布格局发生明显变化,这也是农田防护林带生物效应的显著表现,但农田防护林带土壤动物分布格局及形成机制方面的研究相对较少,还存在很多有待于揭示的问题。研究通过对农田防护林带不同距离位置处土壤动物群落进行调查,分析土壤动物群落结构特征,旨在揭示农田防护林带土壤动物空间分布格局及与环境梯度之间的关系,为促进我国土壤动物空间生态学的进一步发展奠定基础,同时为农田生态系统管理和生物多样性保护提供科学依据。

## 第1节 农田防护林不同位置土壤动物群落结构研究

### 1.1 土壤动物的种类和数量组成

在黑龙江省松嫩平原东南部的农田林网生态系统按照不同地貌类型所选取的3个样区进行调查取样,共获得土壤动物23 817只,隶属于3门:环节动物门、节肢动物门、软体动物门,6纲:寡毛纲、唇足纲、蛛形纲、昆虫纲、原尾纲、腹足纲,21目、87类。其中,大型土壤动物56类,共4 881只,占所获得土壤动物总个体数的20.49%,优势类群两类,线蚓科和蚁科分别占大型土壤动物总数量的63.72%和15.55%;中小型土壤动物60类,共18 937只,占所获得土壤动物总个体数的79.51%,优势类群为甲螨亚目和中气门亚目分别占中小型土壤动物个体数量的59.434 2%和16.410 3%。农田防护林不同结构位置大型、中小型土壤动物种类组成及数量分别如表4-1、表4-2所示。

#### 1.1.1 低平原区土壤动物

低平原区(见图4-1)共获得土壤动物7 492只,其中大型土壤动物2 211只,隶属于2门、5纲、12目、29类,优势类群(占总个体数的10%以上)有2类,分别是线蚓科和蚁科,占大型土壤动物总数的85.21%;常见类群(占个体总数的1%~10%)有4类,分别是蜘蛛目、步甲科、金龟甲科和隐翅甲科,占大型土壤动物总数的11.35%;稀有类群和极稀有类群(占总个体数的1%以下)23类,占大型土壤动物总数的3.44%。林内和林缘线蚓科和蚁科数量多,为优势类群,田缘蚁科和隐翅甲科为优势类群,田内蜘蛛目、蚁科和芫菁科为优势类群,田缘和田内的优势类群多为鞘翅目。

共获得中小型土壤动物5 281只,隶属于2门、5纲、12目、30类。其中,优势类群3类,甲螨亚目、中气门亚目和等节跳科,占中小型土壤动物总数的85.42%;常见类群4类,分别是蚁科、前气门亚目、长角跳科、隐翅甲科,占中小型土壤动物总数的11.28%;稀有类群和极稀有类群23类,占中小型土壤动物总数的3.30%。4个样地共有的优势类群多

表 4-1 农田防护林不同结构位置大型土壤动物种类组成和数量

单位:只

| 序号 | 大型土壤动物 | 低平原区 | | | | | | 台地区 | | | | | | 低山丘陵区 | | | | | | 合计 | 占大型土壤动物个体数的百分比/% | 多度 |
|---|---|---|---|---|---|---|---|---|---|---|---|---|---|---|---|---|---|---|---|---|---|---|
| | | 林内 | 林缘 | 田缘 | 田内 | 小计 | 占低平原区大型土壤动物百分比/% | 林内 | 林缘 | 田缘 | 田内 | 小计 | 占台地区大型土壤动物百分比/% | 林内 | 林缘 | 田缘 | 田内 | 小计 | 占低山丘陵区大型土壤动物百分比/% | | | |
| 1 | 线蚓科 Enchytraeidae | 1 127 | 162 | | | 1 289 | 58.30 | | | | 1 | 1 | 0.28 | 420 | 780 | 386 | 186 | 1 772 | 76.81 | 3 062 | 62.73 | +++ |
| 2 | 蚁科 Formicidae | 165 | 360 | 56 | 14 | 595 | 26.91 | 21 | 40 | 3 | 42 | 106 | 29.20 | | 44 | | 14 | 58 | 2.51 | 759 | 15.55 | +++ |
| 3 | 金龟甲科 Scarabaeidae | 33 | 108 | 1 | 2 | 144 | 6.51 | 37 | 22 | 12 | 1 | 72 | 19.83 | 14 | 57 | 28 | 8 | 107 | 4.64 | 323 | 6.62 | ++ |
| 4 | 蜘蛛目 Araneae | 11 | 6 | 6 | 7 | 30 | 1.36 | 42 | 16 | 2 | 11 | 71 | 19.56 | 20 | 24 | 10 | 10 | 64 | 2.77 | 165 | 3.38 | ++ |
| 5 | 隐翅甲科 Staphylinidae | 11 | 9 | 10 | 3 | 33 | 1.49 | 29 | 15 | 1 | 4 | 49 | 13.50 | 27 | 33 | 10 | 9 | 79 | 3.42 | 161 | 3.30 | ++ |
| 6 | 步甲科 Carabidae | 15 | 24 | 4 | 1 | 44 | 1.99 | 7 | 1 | | | 8 | 2.20 | 2 | 6 | 8 | 10 | 26 | 1.13 | 78 | 1.60 | ++ |
| 7 | 地蜈蚣目 Geophilomorpha | 6 | | 6 | 2 | 14 | 0.63 | | | | 2 | 2 | 0.55 | 1 | 8 | 4 | 8 | 21 | 0.91 | 37 | 0.76 | + |
| 8 | 葬甲科 Silphidae | 3 | 4 | 2 | | 9 | 0.41 | 3 | 2 | | 1 | 6 | 1.65 | 6 | 10 | 3 | 3 | 22 | 0.95 | 37 | 0.76 | + |
| 9 | 正蚓科 Lumbricidae | 4 | | | | 4 | 0.18 | | | | | | | 8 | 15 | 3 | 2 | 28 | 1.21 | 32 | 0.66 | + |
| 10 | 大蚊科 Tipulidae | | | | | | | | | | | | | 11 | 9 | 5 | | 25 | 1.08 | 25 | 0.51 | + |
| 11 | 叩甲科 Elateridae | | | | | | | 10 | | | 4 | 14 | 3.86 | 4 | 2 | 1 | | 7 | 0.30 | 21 | 0.43 | + |

续表 4-1

| 序号 | 大型土壤动物 | 低平原区 林内 | 林缘 | 田缘 | 田内 | 小计 | 占低平原区大型土壤动物百分比/% | 台地区 林内 | 林缘 | 田缘 | 田内 | 小计 | 占台地区大型土壤动物百分比/% | 低山丘陵区 林内 | 林缘 | 田缘 | 田内 | 小计 | 占低山丘陵区大型土壤动物百分比/% | 合计 | 占大型土壤动物个体数的百分比/% | 多度 |
|---|---|---|---|---|---|---|---|---|---|---|---|---|---|---|---|---|---|---|---|---|---|---|
| 12 | 剑虻科 Therevidae | 2 | 9 | 1 | | 12 | 0.54 | 3 | | | | 3 | 0.83 | | 1 | 1 | 2 | 4 | 0.17 | 19 | 0.39 | + |
| 13 | 舟蛾科 Notodontidae | | | | | | | | | | | | | 13 | 3 | 2 | | 18 | 0.78 | 18 | 0.37 | + |
| 14 | 虎甲科 Cicindelidae | | | | 2 | 2 | 0.09 | 6 | 1 | | 1 | 8 | 2.20 | | 3 | 1 | 1 | 5 | 0.22 | 15 | 0.31 | + |
| 15 | 蝙蝠蛾科 Hepialidae | | | | | | | 2 | | | 1 | 3 | 0.83 | 1 | 9 | | | 10 | 0.43 | 13 | 0.27 | + |
| 16 | 石蜈蚣目 Lithobiomorpha | 2 | | | | 2 | 0.09 | | | | | | | 2 | | 4 | 4 | 10 | 0.43 | 12 | 0.25 | + |
| 17 | 长角毛蚊科 Hesperinidae | | 1 | | | 1 | 0.05 | | | | | | | | 8 | | | 8 | 0.35 | 9 | 0.18 | + |
| 18 | 菜蛾科 Plutellidae | | | | | | | | 3 | | | 3 | 0.83 | 4 | 1 | | | 5 | 0.22 | 8 | 0.16 | + |
| 19 | 阎甲科 Histeridae | 2 | | 1 | 1 | 4 | 0.18 | | 1 | | | 1 | 0.28 | | 2 | | | 2 | 0.09 | 7 | 0.14 | + |
| 20 | 瓢虫科 Coccinellidae | 6 | | | | 6 | 0.27 | 1 | | | | 1 | 0.28 | | | | | | | 7 | 0.14 | + |
| 21 | 舞虻科 Empididae | 1 | | | | 1 | 0.05 | 1 | | | | 1 | 0.28 | 1 | 1 | 2 | | 4 | 0.17 | 6 | 0.12 | + |
| 22 | 蛱蝶科 Nymphalidae | | | | | | | 3 | | | | 3 | 0.83 | | 2 | | | 2 | 0.09 | 5 | 0.10 | + |

续表 4-1

| 序号 | 大型土壤动物 | 低平原区 林内 | 林缘 | 田缘 | 田内 | 小计 | 占低平原区大型土壤动物百分比/% | 台地区 林内 | 林缘 | 田缘 | 田内 | 小计 | 占台地区大型土壤动物百分比/% | 低山丘陵区 林内 | 林缘 | 田缘 | 田内 | 小计 | 占低山丘陵区大型土壤动物百分比/% | 合计 | 占大型土壤动物个体数的百分比/% | 多度 |
|---|---|---|---|---|---|---|---|---|---|---|---|---|---|---|---|---|---|---|---|---|---|---|
| 23 | 弄蝶科 Hesperiidae | | | | | | | 2 | | | | 2 | 0.55 | 1 | 2 | | | 3 | 0.13 | 5 | 0.10 | + |
| 24 | 芫青科 Meloidae | | | | 4 | 4 | 0.18 | | | | | | | | | | | | | 4 | 0.08 | − |
| 25 | 鹬虻科 Rhagionidae | | | | | | | | | | | | | 1 | 3 | | | 4 | 0.17 | 4 | 0.08 | − |
| 26 | 尖眼蕈蚊科 Sciaridae | | 1 | 1 | | 2 | 0.09 | 1 | | | | 1 | 0.28 | | 1 | | | 1 | 0.04 | 4 | 0.08 | − |
| 27 | 蚤蝇科 Phoridae | 3 | | | | 3 | 0.14 | | | | 1 | 1 | 0.28 | | | | | | | 4 | 0.08 | − |
| 28 | 蚱总科 Etrigoidea | | | | | | | | | | | | | | 3 | 1 | | 4 | 0.17 | 4 | 0.08 | − |
| 29 | 苔甲科 Scydmaenidae | 2 | | | | 2 | 0.09 | | | | | | | | 1 | | | 1 | 0.04 | 3 | 0.06 | − |
| 30 | 花蚤科 Camhatidae | | | | | | | 1 | | | | 1 | 0.28 | 1 | 1 | | | 2 | 0.09 | 3 | 0.06 | − |
| 31 | 蟥总科 Eumastacoidea | | | | | | | | 1 | | | | | 1 | 2 | | | 3 | 0.13 | 3 | 0.06 | − |
| 32 | 拟步甲科 Tenebrionidae | | | | | | | 1 | 1 | | | 2 | 0.55 | | | | | | | 2 | 0.04 | − |

续表 4-1

| 序号 | 大型土壤动物 | 低平原区 | | | | | | 台地区 | | | | | | 低山丘陵区 | | | | | | 合计 | 占大型土壤动物个体数的百分比/% | 多度 |
|---|---|---|---|---|---|---|---|---|---|---|---|---|---|---|---|---|---|---|---|---|---|---|
| | | 林内 | 林缘 | 田缘 | 田内 | 小计 | 占低平原区大型土壤动物百分比/% | 林内 | 林缘 | 田缘 | 田内 | 小计 | 占台地区大型土壤动物百分比/% | 林内 | 林缘 | 田缘 | 田内 | 小计 | 占低山丘陵区大型土壤动物百分比/% | | | |
| 33 | 奇蝽科 Enicocephalidae | 1 | | 1 | | 2 | 0.09 | | | | | | | | | | | | | 2 | 0.04 | – |
| 34 | 环口螺科 Cyclophoridae | | | | | | | | | | | | | 1 | | 1 | | 2 | 0.09 | 2 | 0.04 | – |
| 35 | 蜈蚣目 Scolopendromopha | | | | | | | | | | | | | | 1 | | | 1 | 0.04 | 1 | 0.02 | – |
| 36 | 伪蝎目 Pseudoscorpionida | | | | 1 | 1 | 0.05 | | | | | | | | | | | | | 1 | 0.02 | – |
| 37 | 拟球甲科 Corylophidae | | | | | | | | | | | | | | | 1 | | 1 | 0.04 | 1 | 0.02 | – |
| 38 | 伪瓢甲科 Endomychidae | | | | | | | 1 | | | | 1 | 0.28 | | | | | | | 1 | 0.02 | – |

续表 4-1

| 序号 | 大型土壤动物 | 低平原区 林内 | 林缘 | 田缘 | 田内 | 小计 | 占低平原区大型土壤动物百分比/% | 台地区 林内 | 林缘 | 田缘 | 田内 | 小计 | 占台地区大型土壤动物百分比/% | 低山丘陵区 林内 | 林缘 | 田缘 | 田内 | 小计 | 占低山丘陵区大型土壤动物百分比/% | 合计 | 占大型土壤动物个体数的百分比/% | 多度 |
|---|---|---|---|---|---|---|---|---|---|---|---|---|---|---|---|---|---|---|---|---|---|---|
| 39 | 三锥象甲科 Brentidae | | 1 | | | 1 | 0.05 | | | | | | | | | | | | | 1 | 0.02 | — |
| 40 | 蚁甲科 Pselaphidae | | | | | | | | | | | | | | | | 1 | 1 | 0.04 | 1 | 0.02 | — |
| 41 | 红萤科 Lycidae | | | | | | | | | | | | | | 1 | | | 1 | 0.04 | 1 | 0.02 | — |
| 42 | 蕈蚊科 Mycetophilidae | 1 | | | | 1 | 0.05 | | | | | | | | | | | | | 1 | 0.02 | — |
| 43 | 粪蚊科 Scatopsidae | | | | | | | | | | | | | | 1 | | | 1 | 0.04 | 1 | 0.02 | — |
| 44 | 粗脉毛蚊科 Paegyneuridae | | | | | | | | | | | | | | 1 | | | 1 | 0.04 | 1 | 0.02 | — |
| 45 | 叶蝇科 Milichiidae | | | | | | | | | | | | | | 1 | | | 1 | 0.04 | 1 | 0.02 | — |
| 46 | 蝇科 Muscodae | | | | | | | 1 | | | | 1 | 0.28 | | | | | | | 1 | 0.02 | — |
| 47 | 长足虻科 Dolichopodadae | | | | | | | 1 | | | | 1 | 0.28 | | | | | | | 1 | 0.02 | — |
| 48 | 食虫虻科 Asilidae | | | 1 | | 1 | 0.05 | | | | | | | | | | | | | 1 | 0.02 | — |

续表 4-1

| 序号 | 大型土壤动物 | 低平原区 | | | | | | 台地区 | | | | | | 低山丘陵区 | | | | | | 合计 | 占大型土壤动物个体数的百分比/% | 多度 |
|---|---|---|---|---|---|---|---|---|---|---|---|---|---|---|---|---|---|---|---|---|---|---|
| | | 林内 | 林缘 | 田缘 | 田内 | 小计 | 占低平原区大型土壤动物百分比/% | 林内 | 林缘 | 田缘 | 田内 | 小计 | 占台地区大型土壤动物百分比/% | 林内 | 林缘 | 田缘 | 田内 | 小计 | 占低山丘陵区大型土壤动物百分比/% | | | |
| 49 | 蝼蛄总科 Tridactyloidea | 1 | | | | 1 | 0.05 | | | | | | | | | | | | | 1 | 0.02 | — |
| 50 | 尺蛾科 Geometridae | | | | | | | | | | | | | | | | 1 | 1 | 0.04 | 1 | 0.02 | — |
| 51 | 刺蛾科 Eucleidae | | | | | | | | | | | | | | 1 | | | 1 | 0.04 | 1 | 0.02 | — |
| 52 | 土蝽科 Cydnidae | | | | | | | | | | | | | | 1 | | | 1 | 0.04 | 1 | 0.02 | — |
| 53 | 膜蝽科 Hebridae | | | 1 | | 1 | 0.05 | | | | | | | | | | | | | 1 | 0.02 | — |
| 54 | 蠼螋科 Labiduridae | | | | | | | | | | 1 | 1 | 0.28 | | | | | | | 1 | 0.02 | — |
| 55 | 蓟马科 Thripidae | 1 | | | | 1 | 0.05 | | | | | | | | | | | | | 1 | 0.02 | — |
| 56 | 华蚖目 Sinentomata | 1 | | | | 1 | 0.05 | | | | | | | | | | | | | 1 | 0.02 | — |
| | 总计 | 1 397 | 686 | 91 | 37 | 2 211 | | 172 | 103 | 19 | 69 | 363 | | 540 | 1 042 | 472 | 253 | 2 307 | | 4 881 | | |
| | 类群数 | 20 | 12 | 13 | 10 | 29 | | 19 | 11 | 5 | 11 | 26 | | 21 | 35 | 19 | 11 | 39 | | 56 | | |

表4-2　农田防护林不同结构位置中小型土壤动物种类组成及数量

| 序号 | 中小型土壤动物 | 低平原区 | | | | | | 台地区 | | | | | | 低山丘陵区 | | | | | | 合计 | 占中小型土壤动物个体数百分比/% | 多度 |
|---|---|---|---|---|---|---|---|---|---|---|---|---|---|---|---|---|---|---|---|---|---|---|
| | | 林内 | 林缘 | 田缘 | 田内 | 小计 | 占低平原区中小型土壤动物百分比/% | 林内 | 林缘 | 田缘 | 田内 | 小计 | 占台地区中小型土壤动物百分比/% | 林内 | 林缘 | 田缘 | 田内 | 小计 | 占低山丘陵区中小型土壤动物的百分比/% | | | |
| 1 | 甲螨亚目 Oribatida | 476 | 892 | 1 134 | 545 | 3 047 | 57.69 | 820 | 381 | 1 169 | 1 162 | 3 532 | 60.14 | 1 028 | 1 155 | 1 455 | 1 046 | 4 684 | 60.15 | 11 263 | 59.434 2 | +++ |
| 2 | 中气门亚目 Prostigmata | 61 | 275 | 177 | 50 | 563 | 10.67 | 181 | 193 | 527 | 516 | 1 417 | 24.14 | 384 | 351 | 243 | 151 | 1 129 | 14.50 | 3 109 | 16.410 3 | +++ |
| 3 | 等节跳科 Isotomidae | 229 | 416 | 203 | 53 | 901 | 17.07 | 29 | 6 | 39 | 23 | 97 | 1.65 | 112 | 37 | 200 | 110 | 460 | 5.90 | 1 458 | 7.696 5 | ++ |
| 4 | 前气门亚目 Prostigmata | 10 | 10 | 133 | 43 | 196 | 3.72 | 22 | 28 | 454 | 35 | 539 | 9.18 | 5 | 43 | 42 | 4 | 94 | 1.21 | 829 | 4.377 0 | ++ |
| 5 | 疣跳科 Onychiuridae | 2 | 14 | 4 | 1 | 21 | 0.40 | 6 | | | 8 | 14 | 0.24 | 239 | 157 | 93 | 136 | 625 | 8.04 | 660 | 3.488 8 | ++ |
| 6 | 线蚓科 Enchytraeidae | 18 | 9 | | 5 | 32 | 0.61 | 1 | 3 | | 3 | 7 | 0.12 | 32 | 83 | 72 | 39 | 226 | 2.91 | 265 | 1.400 9 | ++ |
| 7 | 蚁科 Formicidae | 65 | 146 | 37 | 3 | 251 | 4.76 | 2 | 3 | | 1 | 6 | 0.10 | 1 | 1 | 4 | 2 | 8 | 0.10 | 265 | 1.400 8 | ++ |

续表 4-2

| 序号 | 中小型土壤动物 | 低平原区 | | | | | | 台地区 | | | | | | 低山丘陵区 | | | | | | 合计 | 占中小型土壤动物个体数百分比/% | 多度 |
|---|---|---|---|---|---|---|---|---|---|---|---|---|---|---|---|---|---|---|---|---|---|---|
| | | 林内 | 林缘 | 田缘 | 田内 | 小计 | 占低平原区中小型土壤动物百分比/% | 林内 | 林缘 | 田缘 | 田内 | 小计 | 占台地区中小型土壤动物百分比/% | 林内 | 林缘 | 田缘 | 田内 | 小计 | 占低山丘陵区中小型土壤动物百分比/% | | | |
| 8 | 长角跳科 Entomobryidae | 20 | 21 | 33 | 14 | 88 | 1.67 | 1 | 2 | 5 | 13 | 21 | 0.36 | 14 | 68 | 18 | 11 | 111 | 1.43 | 220 | 1.1629 | ++ |
| 9 | 隐翅甲科 Staphylinidae | 10 | 29 | 12 | 9 | 60 | 1.14 | 7 | 20 | 1 | 3 | 31 | 0.53 | 18 | 49 | 33 | 10 | 110 | 1.42 | 201 | 1.0626 | ++ |
| 10 | 跳虫科 Poduridae | 1 | | 13 | | 14 | 0.27 | 8 | | | 9 | 17 | 0.29 | 12 | | | 24 | 36 | 0.46 | 67 | 0.3542 | + |
| 11 | 金龟甲科 Scarabaeidae | 1 | 2 | 4 | | 7 | 0.13 | 12 | 13 | 6 | | 31 | 0.53 | 3 | 15 | 5 | 3 | 26 | 0.33 | 64 | 0.3384 | + |
| 12 | 石蜈蚣目 Lithobiomorpha | 1 | 2 | 7 | 3 | 13 | 0.25 | 10 | 19 | | | 29 | 0.49 | | 6 | | 5 | 11 | 0.14 | 53 | 0.2802 | + |
| 13 | 大蚊科 Tipulidae | 1 | 1 | | | 2 | 0.04 | 1 | 1 | 3 | 3 | 8 | 0.14 | 9 | 18 | 1 | 1 | 29 | 0.37 | 39 | 0.2062 | + |
| 14 | 摇蚊科 Chironomidae | | | | | | | | | | | | | 1 | 16 | 14 | 5 | 36 | 0.46 | 36 | 0.1903 | + |
| 15 | 蜘蛛目 Araneae | 2 | 4 | 3 | 1 | 10 | 0.19 | 4 | 5 | 2 | 3 | 11 | 0.19 | 9 | | | | 14 | 0.18 | 35 | 0.1851 | + |

续表 4-2

| 序号 | 中小型土壤动物 | 低平原区 | | | | | | 台地区 | | | | | | 低山丘陵区 | | | | | | 合计 | 占中小型土壤动物个体数百分比/% | 多度 |
|---|---|---|---|---|---|---|---|---|---|---|---|---|---|---|---|---|---|---|---|---|---|---|
| | | 林内 | 林缘 | 田缘 | 田内 | 小计 | 占低平原区中小型土壤动物百分比/% | 林内 | 林缘 | 田缘 | 田内 | 小计 | 占台地区中小型土壤动物百分比/% | 林内 | 林缘 | 田缘 | 田内 | 小计 | 占低山丘陵区中小型土壤动物的百分比/% | | | |
| 16 | 步甲科 Carabidae | 2 | | 2 | 1 | 5 | 0.09 | 6 | 1 | | | 7 | 0.12 | 1 | 1 | 10 | 10 | 22 | 0.28 | 34 | 0.179 7 | + |
| 17 | 蝙蝠蛾科 Hepialidae | | | | | | | 9 | 6 | | | 15 | 0.26 | | 15 | 1 | | 16 | 0.21 | 31 | 0.163 9 | + |
| 18 | 鹬虻科 Rhagionidae | | 1 | | | 1 | 0.02 | | 1 | | | 1 | 0.02 | 1 | 16 | 4 | 1 | 22 | 0.28 | 24 | 0.126 9 | + |
| 19 | 叩甲科 Elateridae | 6 | | | | 6 | 0.11 | 6 | | 1 | 1 | 8 | 0.14 | 2 | 3 | 3 | 1 | 9 | 0.12 | 23 | 0.121 6 | + |
| 20 | 拟步甲科 Tenebrionidae | | 7 | | | 7 | 0.13 | | 8 | | | 8 | 0.14 | | 8 | | | 8 | 0.10 | 23 | 0.121 5 | + |
| 21 | 圆跳科 Sminthuridae | 8 | 8 | 3 | 2 | 21 | 0.40 | | | | 1 | 1 | 0.02 | | | | | | | 22 | 0.116 3 | + |
| 22 | 长足虻科 Dolichopodadae | | | | | | | | | | | | | | 15 | 5 | | 20 | 0.26 | 20 | 0.105 8 | + |

续表4-2

| 序号 | 中小型土壤动物 | 低平原区 | | | | | | 台地区 | | | | | | 低山丘陵区 | | | | | | 合计 | 占中小型土壤动物个体数百分比/% | 多度 |
|---|---|---|---|---|---|---|---|---|---|---|---|---|---|---|---|---|---|---|---|---|---|---|
| | | 林内 | 林缘 | 田缘 | 田内 | 小计 | 占低平原区中小型土壤动物百分比/% | 林内 | 林缘 | 田缘 | 田内 | 小计 | 占台地区中小型土壤动物百分比/% | 林内 | 林缘 | 田缘 | 田内 | 小计 | 占低山丘陵区中小型土壤动物的百分比/% | | | |
| 23 | 覃蚊科 Mycetophilidae | 5 | | | 2 | 7 | 0.13 | | 1 | 1 | | 2 | 0.03 | 5 | 3 | 2 | 1 | 11 | 0.14 | 20 | 0.105 7 | + |
| 24 | 蚜科 APhididae | | | | | | | 20 | | | | 20 | 0.34 | | | | | | | 20 | 0.105 7 | + |
| 25 | 蚤蝇科 Phoridae | | | | | | | | 1 | | | 1 | 0.02 | 2 | 8 | 4 | | 14 | 0.18 | 15 | 0.079 3 | - |
| 26 | 剑虻科 Therevidae | 2 | 1 | | | 3 | 0.06 | 4 | 1 | | | 5 | 0.09 | 2 | | 2 | | 4 | 0.05 | 12 | 0.063 4 | - |
| 27 | 舞虻科 Empididae | | | | | | | | 3 | | | 3 | 0.05 | 5 | 3 | | | 8 | 0.10 | 11 | 0.058 2 | - |
| 28 | 地蜈蚣目 Geophilomorpha | | | 3 | 1 | 4 | 0.08 | | | | | | | 1 | 3 | 1 | 1 | 6 | 0.08 | 10 | 0.052 9 | - |
| 29 | 蚋科 Simuliidae | | | | | | | 1 | 6 | 3 | | 9 | 0.15 | | 1 | | | 1 | 0.01 | 10 | 0.052 9 | - |
| 30 | 葬甲科 Silphidae | | 1 | 1 | 4 | 6 | 0.11 | | | | | | | | | 2 | 2 | 4 | 0.05 | 10 | 0.052 8 | - |
| 31 | 郭公虫科 Cleridae | 7 | 2 | | | 9 | 0.17 | 1 | | | | 1 | 0.02 | | | | | | | 10 | 0.052 8 | - |

续表 4-2

| 序号 | 中小型土壤动物 | 低平原区 | | | | | | 台地区 | | | | | | 低山丘陵区 | | | | | | 合计 | 占中小型土壤动物个体数百分比/% | 多度 |
|---|---|---|---|---|---|---|---|---|---|---|---|---|---|---|---|---|---|---|---|---|---|---|
| | | 林内 | 林缘 | 田缘 | 田内 | 小计 | 占低平原区中小型土壤动物百分比/% | 林内 | 林缘 | 田缘 | 田内 | 小计 | 占台地区中小型土壤动物百分比/% | 林内 | 林缘 | 田缘 | 田内 | 小计 | 占低山丘陵区中小型土壤动物的百分比/% | | | |
| 32 | 正蚓科 Lumbricidae | | | | | | | | | | | | | | 3 | 4 | 1 | 8 | 0.10 | 8 | 0.042 3 | — |
| 33 | 蝼甲科 Scaritidae | | | | | | | | 6 | | | 6 | 0.10 | | | 1 | | 1 | 0.01 | 7 | 0.037 0 | — |
| 34 | 出尾蕈甲科 Scaphidiidae | | | | | | | 2 | 1 | | 1 | 4 | 0.07 | 1 | | | 2 | 3 | 0.04 | 7 | 0.036 9 | — |
| 35 | 虎甲科 Cicindelidae | | | | 1 | 1 | 0.02 | | | | | | | | 4 | 1 | | 5 | 0.06 | 6 | 0.031 7 | — |
| 36 | 花蝽科 Anthocoridae | | | | | | | | | 1 | 3 | 4 | 0.07 | | | | | 4 | | 4 | 0.021 2 | — |
| 37 | 瘿蚊科 Cecidomyiidae | | | | | | | | 2 | | | 2 | 0.03 | | | 2 | | 2 | 0.03 | 4 | 0.021 1 | — |
| 38 | 鳞跳科 Tomoceridae | | | | | | | | | | | | | | | | 3 | 3 | 0.04 | 3 | 0.015 9 | — |

续表4-2

| 序号 | 中小型土壤动物 | 低平原区 林内 | 林缘 | 田缘 | 田内 | 小计 | 占低平原区中小型土壤动物百分比/% | 台地区 林内 | 林缘 | 田缘 | 田内 | 小计 | 占台地区中小型土壤动物百分比/% | 低山丘陵区 林内 | 林缘 | 田缘 | 田内 | 小计 | 占低山丘陵区中小型土壤动物的百分比/% | 合计 | 占中小型土壤动物个体数百分比/% | 多度 |
|---|---|---|---|---|---|---|---|---|---|---|---|---|---|---|---|---|---|---|---|---|---|---|
| 39 | 尖眼蕈蚊科 Sciaridae | | | | | | | | | | | | | | | | 3 | 3 | 0.04 | 3 | 0.0159 | — |
| 40 | 菜蛾科 Plutellidae | | | | | | | | | | | | | | 3 | | | 3 | 0.04 | 3 | 0.0159 | — |
| 41 | 阎甲科 Histeridea | | | | | | | | | | | | | | 1 | 2 | | 3 | 0.04 | 3 | 0.0158 | — |
| 42 | 毛蚊科 Bibionidae | | 1 | | | 1 | 0.02 | | | | | | | | 1 | 1 | | 2 | 0.03 | 3 | 0.0158 | — |
| 43 | 土蝽科 Cydnidae | | | | | | | | 1 | | | 1 | 0.02 | | 1 | | | 1 | 0.01 | 2 | 0.0106 | — |
| 44 | 冬大蚊科 Trichoceridae | | | | | | | | | | | | | | 2 | | | 2 | 0.03 | 2 | 0.0106 | — |
| 45 | 蠓科 Ceratopogonidae | | | | | | | 2 | | | | 2 | 0.03 | | | | | | | 2 | 0.0106 | — |
| 46 | 尺蛾科 Geometridae | | | | | | | 1 | | | | 1 | 0.02 | | | 1 | | 1 | 0.01 | 2 | 0.0106 | — |

续表 4-2

| 序号 | 中小型土壤动物 | 低平原区 | | | | | 台地区 | | | | | | 低山丘陵区 | | | | | | 合计 | 占中小型土壤动物个体数百分比/% | 多度 |
|---|---|---|---|---|---|---|---|---|---|---|---|---|---|---|---|---|---|---|---|---|---|
| | | 林内 | 田缘 | 田内 | 小计 | 占低平原区中小型土壤动物百分比/% | 林内 | 林缘 | 田缘 | 田内 | 小计 | 占台地区中小型土壤动物百分比/% | 林内 | 林缘 | 田缘 | 田内 | 小计 | 占低山丘陵区中小型土壤动物的百分比/% | | | |
| 47 | 天蛾科 Sphingidae | | | | | | | | | | | | | | | 2 | 2 | 0.03 | 2 | 0.010 6 | — |
| 48 | 蚜总科 Etrigoidea | | | | | | 1 | | | 1 | 2 | 0.03 | | | | | | | 2 | 0.010 6 | — |
| 49 | 蝗总科 Eumastacoidea | | | | | | | | | 2 | 2 | 0.03 | | | | | | | 2 | 0.010 6 | — |
| 50 | 绵蚧亚科 Monophlebinae | | | | | | 2 | | | | 2 | 0.03 | | | | | | | 2 | 0.010 6 | — |
| 51 | 蓟马科 Thripidae | | | | | | | 2 | | | 2 | 0.03 | | | | | | | 2 | 0.010 6 | — |
| 52 | 球角跳科 Hypogastrurid | | | 1 | 1 | 0.02 | | | | | | | | | | | | | 1 | 0.005 3 | — |
| 53 | 大蕈甲科 Erotylidae | | | | | | | | | | | | 1 | | | | 1 | 0.01 | 1 | 0.005 3 | — |
| 54 | 隐食甲科 Cryptophagidae | | | | | | 1 | | | | 1 | 0.02 | | | | | | | 1 | 0.005 3 | — |

续表 4-2

| 序号 | 中小型土壤动物 | 低平原区 | | | | | | 台地区 | | | | | | 低山丘陵区 | | | | | | 合计 | 占中小型土壤动物个体数百分比/% | 多度 |
|---|---|---|---|---|---|---|---|---|---|---|---|---|---|---|---|---|---|---|---|---|---|---|
| | | 林内 | 林缘 | 田缘 | 田内 | 小计 | 占低平原区中小型土壤动物百分比/% | 林内 | 林缘 | 田缘 | 田内 | 小计 | 占台地区中小型土壤动物百分比/% | 林内 | 林缘 | 田缘 | 田内 | 小计 | 占低山丘陵区中小型土壤动物百分比/% | | | |
| 55 | 宽蝽科 Veliidae | | 1 | | | 1 | 0.02 | | | | | | | | | | | | | 1 | 0.005 3 | — |
| 56 | 划蝽科 Corixidae | | | | | | | | 1 | | | 1 | 0.02 | | | | | | | 1 | 0.005 3 | — |
| 57 | 毛蠓科 Psychodidae | | 1 | | | 1 | 0.02 | | | | | | | | | | | | | 1 | 0.005 3 | — |
| 58 | 舟蛾科 Notodontidae | | | | | | | 1 | | | | 1 | 0.02 | | | | | | | 1 | 0.005 3 | — |
| 59 | 蝗总科 Acridoidea | | 1 | | | 1 | 0.02 | | 1 | | | | | | 1 | | | | | 1 | 0.005 3 | — |
| 60 | 环口螺科 Cyclophoridae | | | | | | | | | | | | | | 1 | | | 1 | 0.01 | 1 | 0.005 3 | — |
| | 总计 | 921 | 1 845 | 1 775 | 739 | 5 280 | | 1 163 | 712 | 2 212 | 1 785 | 5 872 | | 1 886 | 2 092 | 2 228 | 1 578 | 7 785 | | 18 937 | | |
| | 类群数 | 19 | 23 | 18 | 18 | 30 | | 27 | 26 | 13 | 17 | 41 | | 26 | 32 | 29 | 25 | 44 | | 60 | | |

是甲螨目,林缘和田缘还共有等节跳科。林缘和田缘的优势类群多于林内和田内。

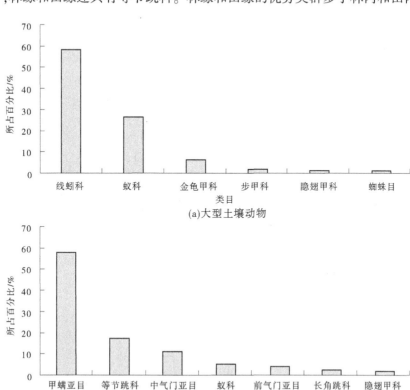

(a)大型土壤动物

(b)中小型土壤动物

**图 4-1　低平原区大型与中小型土壤动物的优势类群和常见类群所占比例**

### 1.1.2　台地区土壤动物

　　台地区[见图 4-2(a)]共获得土壤动物 6 235 只,其中大型土壤动物 363 只,隶属 2 门、4 纲、8 目、26 类,优势类群 4 类,分别是蚁科、金龟甲科、蜘蛛目和隐翅甲科,占大型土壤动物总数的 82.09%;常见类群 4 类,分别是步甲科、葬甲科、虎甲科和叩甲科,占大型土壤动物总数的 9.92%;稀有类群和极稀有类群 17 类,占大型土壤动物总数的 7.99%。林内和林缘的优势类群为蜘蛛目、蚁科、金龟甲科和隐翅甲科;田缘为蜘蛛目、蚁科和金龟甲科;田内为蜘蛛目和蚁科;4 个样地共有的优势类群为蚁科和蜘蛛目;金龟甲科从林内到田内依次减少。自林内向田内,优势类群数减少。

　　共获得中小型土壤动物 5 872 只,隶属 2 门、4 纲、14 目、41 类。其中优势类群有 2 类[见图 4-2(b)],分别是甲螨亚目和中气门亚目,占中小型土壤动物总数的 84.28%;常见类群有 2 类,分别是前气门亚目和等节跳科,占中小型土壤动物总数的 10.83%;稀有类群和极稀有类群 37 类,占中小型土壤动物总数的 4.89%。从林内到田内的 4 个样地中,甲螨亚目和中气门亚目均为优势类群,在林缘样地的优势类群还包括前气门亚目。

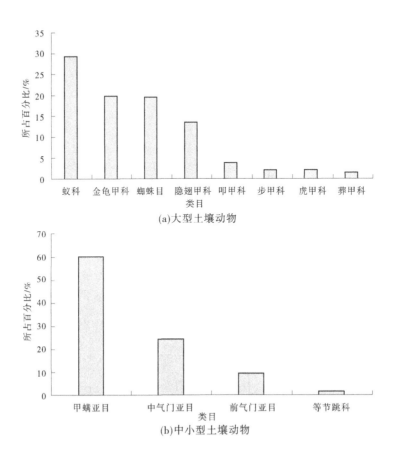

(a)大型土壤动物

(b)中小型土壤动物

图 4-2 台地区大型与中小型土壤动物的优势类群和常见类群所占比例

### 1.1.3 低山丘陵区土壤动物

低山丘陵区共获得土壤动物 10 093 只。其中大型土壤动物 2 307 只,隶属 3 门、5 纲、13 目、39 类,占所获得土壤动物的 22.86%。由图 4-3 可见,其中优势类群只有线蚓科,占大型土壤动物总数的 76.81%;常见类群 7 类,分别是正蚓科、步甲科、蜘蛛目、蚁科、金龟甲科、隐翅甲科和大蚊科,占大型土壤动物总数的 16.78%;稀有类群和极稀有类群 31 类,占大型土壤动物总数的 6.41%。4 个样地的优势类群均为线蚓科。

共获得中小型土壤动物 7 786 只,隶属 3 门、6 纲、14 目、44 类。其中优势类群有 2 类(见图 4-3),分别是甲螨亚目和中气门亚目,占中小型土壤动物总数的 74.65%;常见类群和极稀有类群 6 类,分别是棘跳科、等节跳科、线蚓科、长角跳科、隐翅甲科和前气门亚目,占中小型土壤动物总数的 20.90%;稀有类群和极稀有类群 36 类,占中小型土壤动物总数的 4.45%。林内优势类群为甲螨亚目、中气门亚目和棘跳科,林缘和田缘都为甲螨亚目和中气门亚目,田内为甲螨亚目。自林内向田内优势类群数减少。

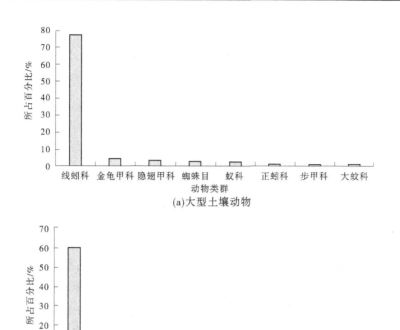

图 4-3　低山丘陵区大型与中小型土壤动物的优势类群和常见类群所占比例

## 1.2　农田防护林对土壤动物空间分布的影响

### 1.2.1　土壤动物的水平分布

低平原区(见图 4-4)土壤动物总个体数和类群数都是自林内向田内减少。其中,大型土壤动物的个体数和类群数变化规律与总个体数和类群数规律一致,而生物量林缘>林内>田缘>田内;中小型土壤动物个体总数林缘>田缘>林内>田内,类群数林缘最多,林内次之,田内及其边缘类群数相等。

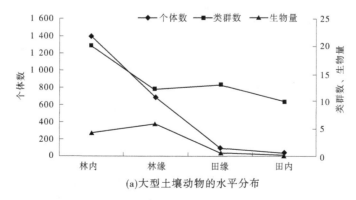

(a)大型土壤动物的水平分布

图 4-4　低平原区大型与中小型土壤的水平分布

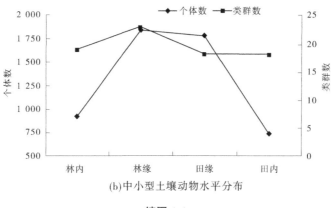

(b)中小型土壤动物水平分布

续图4-4

台地区(见图4-5)土壤动物总个体数田缘>田内>林内>林缘,类群数林内>林缘>田内>田缘。其中大型土壤动物个体数和类群数都是林内最多,林缘其次,田缘最少,生物量林内向田内减少;中小型土壤动物个体总数田缘>田内>林内>林缘,类群数林内>林缘>田内>田缘。大型和中小型土壤动物类群数都是田缘最少,而个体数量上总类群数和中小型土壤动物类群数都为林缘最少。

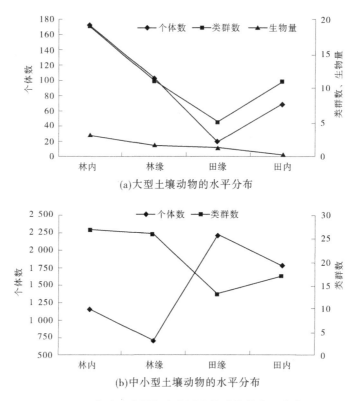

(a)大型土壤动物的水平分布

(b)中小型土壤动物的水平分布

图4-5　台地区大型与中小型土壤动物的水平分布

低山丘陵区(见图 4-6)总个体数林缘>田缘>林内>田内,类群数林缘>田缘>林内>田内。其中大型土壤动物个体数和类群数都表现为林缘>林内>田缘>田内,生物量由林内向田内减少;中小型土壤动物个体总数田缘>林缘>林内>田内,类群数林缘>田缘>林内>田内。类群数上大型和中小型土壤动物都是林缘最多,田内最少。

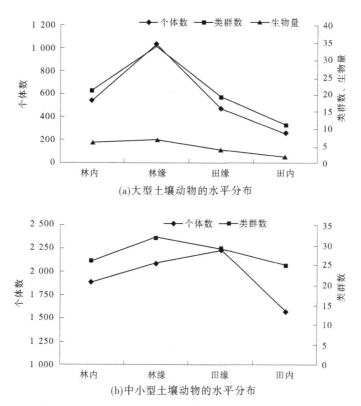

(a)大型土壤动物的水平分布

(b)中小型土壤动物的水平分布

图 4-6    低山丘陵区大型与中小型土壤动物的水平分布

### 1.2.2    土壤动物的垂直分布

从总个体数来看,3 个研究区中低平原和低山丘陵表聚性明显,即土壤动物个体数自表层向下逐层减少,而台地区 5~10 cm 土层>0~5 cm 土层>15~20 cm 土层>10~15 cm 土层。总生物量规律性不强,大体从表层向下增加,但低山丘陵区相反。

大型土壤动物个体数[见图 4-7(a)、(d)、(g)]低平原区 10~15 cm 土层>15~20 cm 土层>5~10 cm 土层>0~5 cm 土层,台地区和低山丘陵区表聚性明显;生物量方面[见图 4-7(c)、(f)、(i)],低平原区自表层向下逐渐增加,是因为 15~20 cm 土层蚁科丰富,台地区 5~10 cm 土层>10~15 cm 土层>0~5 cm 土层>15~20 cm 土层,低山丘陵区 0~5 cm 土层>15~20 cm 土层>5~10 cm 土层>10~15 cm 土层,因为该区表层线蚓较为丰富,虽然线蚓个体较小,生物量也小,但其数量巨大,导致总生物量大;中小型土壤动物个体数[见图 4-7(b)、(e)、(h)]在低平原区和低山丘陵区有明显的表聚性,台地区与总个体数规律一致。

低平原区[见图 4-7(a)、(b)、(c)]的 4 个样地中,田内和田缘的大型土壤动物个体数具有由表层向下减少的表聚性,林内和林缘则出现逆分布,表现为个体数量随土层加深而增多的倒置特征；生物量与个体数不具有统一性，各层分布规律不明显，田缘的 5~10 cm 土层虽然只有一只金龟甲幼虫，但其个体较大，使其生物量明显高于其他层；中小型土壤动物除林内和田内 15~20 cm 土层稍多于 10~15 cm 土层外，表聚性明显。林内 10~15 cm 土层个体数明显突出的原因是线蚓个数特别多，是 15~20 cm 土层的 1.6 倍，是林缘的 7 倍，而在田缘和田内中未出现线蚓。这可能与农田施肥有关。

台地区[见图 4-7(d)、(e)、(f)]各样地大型土壤动物个体数在田内和林缘样地表聚性明显，在田缘和林内出现表层低于下层的现象；生物量分布规律不明显；中小型土壤动物个体数表聚性较明显。

低山丘陵区[见图 4-7(g)、(h)、(i)]与低平原区的大型土壤动物个体数分布规律恰恰相反，田缘和田内逆分布，林内和林缘具有表聚性特征；生物量方面，田内 15~20 cm 土层出现蚯蚓，导致该层生物量最大，其余样地都是表层生物量最大，中小型土壤动物个体数量具有表聚性，在各样地均表现为表层最多，向下逐渐增加。

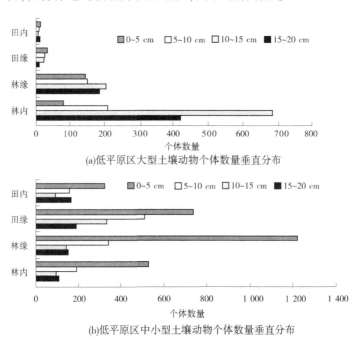

(a)低平原区大型土壤动物个体数量垂直分布

(b)低平原区中小型土壤动物个体数量垂直分布

(c)低平原区大型土壤动物生物量垂直分布

**图 4-7　各地貌类型区大型与中小型土壤动物垂直分布**

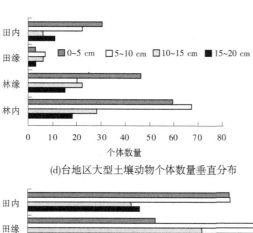

(d)台地区大型土壤动物个体数量垂直分布

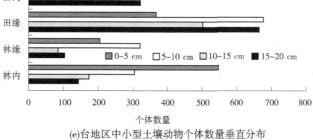

(e)台地区中小型土壤动物个体数量垂直分布

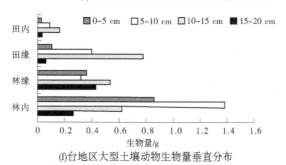

(f)台地区大型土壤动物生物量垂直分布

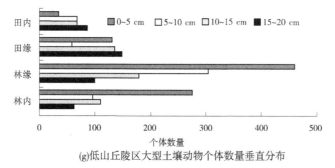

(g)低山丘陵区大型土壤动物个体数量垂直分布

续图 4-7

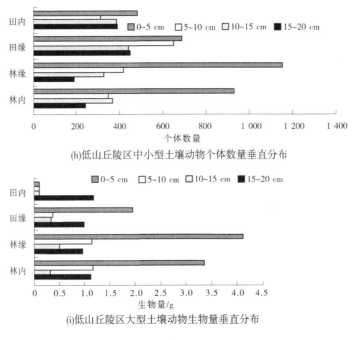

(h)低山丘陵区中小型土壤动物个体数量垂直分布

(i)低山丘陵区大型土壤动物生物量垂直分布

续图 4-7

## 1.3　土壤动物群落特征指数分析

### 1.3.1　土壤动物群落多样性指数分析

生物多样性是地球生物最显著的特征之一,是地球上的生命经过了几十亿年的发展和进化的结果,是生命支持系统的核心组成部分,是地球生物圈与人类本身延续的基础,具有不可估量的价值。它不仅为人类的生存提供了不可缺少的生物资源,也构成了人类生存与发展的环境。生物多样性是生物种类复杂性及其生境的生态复杂性的表现。它包括数百万种的植物、动物、微生物及各个物种所拥有的基因和由各种生物与环境相互作用所形成的生态系统以及它们的生态过程。生物多样性可以在 3 个层次上描述,即遗传多样性、物种多样性和生态系统与景观多样性。而本书所讨论的属于物种水平多样性,即土壤动物群落多样性。

各样地土壤动物类群数、个体数和密度,可以反映土壤动物分布的水平差异性;而对群落多样性、均匀性和优势度的测定,更是衡量群落结构和功能的三项有效指标。本书采用了 Shannon-Wiener 多样性指数公式求物种的多样性指数,用 Pielou 均匀度指数公式求群落的均匀性指数,用 Simpson 优势度指数求物种的优势度指数,用 Margalef 丰富度指数求物种的丰富度指数,具体公式见式(2-7)~式(2-10)。

从表 4-3 中可以看出,多样性指数最高的是台地区的林内,最低的是低平原区的林内;均匀度指数最高的是低平原区的田内,最低值是低平原区的林内;优势度指数最高值是低山丘陵区的田缘,最低值是台地区的林内;丰富度指数最高值是低平原区的田内,最低值是低平原区的林缘。

表 4-3　大型土壤动物群落特征指数

| 地貌类型 | 样地 | 类群数 | 个体数 | Shannon-Wiener 多样性指数 | Pielou 均匀度指数 | Simpson 优势度指数 | Margalef 丰富度指数 |
|---|---|---|---|---|---|---|---|
| 低平原区 | 林内 | 20 | 1 397 | 0.789 | 0.259 | 0.665 | 0.422 |
| | 林缘 | 12 | 686 | 1.288 | 0.518 | 0.410 | 0.389 |
| | 田缘 | 13 | 91 | 1.542 | 0.601 | 0.397 | 0.569 |
| | 田内 | 10 | 37 | 1.893 | 0.822 | 0.208 | 0.638 |
| 台地区 | 林内 | 19 | 171 | 2.146 | 0.743 | 0.159 | 0.562 |
| | 林缘 | 11 | 103 | 1.671 | 0.697 | 0.243 | 0.517 |
| | 田缘 | 5 | 19 | 0.974 | 0.702 | 0.487 | 0.480 |
| | 田内 | 11 | 69 | 1.402 | 0.585 | 0.417 | 0.568 |
| 低山丘陵区 | 林内 | 21 | 540 | 1.089 | 0.358 | 0.611 | 0.484 |
| | 林缘 | 34 | 1 042 | 1.238 | 0.348 | 0.572 | 0.512 |
| | 田缘 | 19 | 472 | 0.950 | 0.323 | 0.670 | 0.479 |
| | 田内 | 11 | 253 | 1.172 | 0.489 | 0.549 | 0.433 |

　　低平原区个体数量和优势度指数都是林内>林缘>田缘>田内,多样性指数和均匀度指数与此相反,表现为田内>田缘>林缘>林内,类群数表现为林内>田缘>林缘>田内,丰富度指数表现为田内>田缘>林内>林缘;台地区类群数、个体数及多样性指数表现规律相同,都是林内>林缘>田内>田缘,优势度指数则相反,为田缘>田内>林缘>林内,均匀度指数表现为林内>田缘>林缘>田内,丰富度指数为田内>林内>林缘>田缘;低山丘陵区丰富度指数与类群数、个体数规律相同,都是林缘>林内>田缘>田内,多样性指数则表现为林缘>田内>林内>田缘,优势度指数为田缘>林内>林缘>田内,均匀度指数表现为田内>林内>林缘>田缘。可以看出,在低平原区和台地区,随着防护林样地向农田样地的过渡,大型土壤动物个体数、类群数均表现出逐渐降低的趋势,这也充分说明防护林作为农田物种资源库的作用表现。在低山丘陵区,类群数、个体数和丰富度指数表现出林缘>林内、田缘>田内边缘效应的现象。

　　从表 4-4 中可以看出,中小型土壤动物类群指数分布规律性不强,与大型土壤动物也不具有统一性。多样性指数最高的是低山丘陵区的林缘,最低的是台地区的田内;均匀度指数最高的是低平原区的林内,最低的是台地区的田内;优势度指数最高的是低平原区的田内,最低值是低平原区的林内;丰富度指数最高值是台地区的林内,最低值是台地区的田缘。

表 4-4　中小型土壤动物群落特征指数

| 地貌类型 | 样地 | 类群数 | 个体数 | Shannon-Wiener 多样性指数 | Pielou 均匀度指数 | Simpson 优势度指数 | Margalef 丰富度指数 |
|---|---|---|---|---|---|---|---|
| 低平原区 | 林内 | 19 | 920 | 1.503 | 0.502 | 0.339 | 0.439 |
| | 林缘 | 22 | 1 850 | 1.144 | 0.370 | 0.459 | 0.411 |
| | 田缘 | 18 | 1 773 | 1.298 | 0.449 | 0.437 | 0.386 |
| | 田内 | 18 | 738 | 1.084 | 0.375 | 0.557 | 0.438 |
| 台地区 | 林内 | 27 | 1 162 | 1.200 | 0.360 | 0.523 | 0.472 |
| | 林缘 | 26 | 711 | 1.547 | 0.475 | 0.363 | 0.496 |
| | 田缘 | 13 | 2 208 | 1.140 | 0.459 | 0.379 | 0.323 |
| | 田内 | 17 | 1 782 | 0.930 | 0.328 | 0.508 | 0.378 |
| 低山丘陵区 | 林内 | 26 | 1 883 | 1.424 | 0.432 | 0.358 | 0.437 |
| | 林缘 | 31 | 2 089 | 1.685 | 0.486 | 0.343 | 0.453 |
| | 田缘 | 29 | 2 226 | 1.356 | 0.403 | 0.450 | 0.437 |
| | 田内 | 25 | 1 576 | 1.310 | 0.407 | 0.461 | 0.437 |

低平原区的类群数和个体数都是林缘最高而田内最低,多样性指数表现为林内>田缘>林缘>田内,优势度指数与多样性指数相反,表现为田内>林缘>田缘>林内,均匀度指数和丰富度指数都有林内最高的现象;台地区个体数量为田缘>田内>林内>林缘,而丰富度指数与个体数量分布规律相反,为林缘>林内>田内>田缘,类群数表现为林内>林缘>田内>田缘,优势度指数表现为林内>田内>田缘>林缘,多样性指数和均匀度指数都是林缘最高而田内最低;低山丘陵区多样性指数、丰富度指数和类群数都是林缘最高,田内最低,个体数表现为田缘>林缘>林内>田内,优势度指数为田内>田缘>林内>林缘。分析中小型类群数能够看出,不论是在低平原区、台地区还是在低山丘陵区,都表现出林内>田内的现象,个体数除台地区田内>林内外,也都表现出林内>田内的现象,这说明对于中小型土壤动物来说,防护林是农田样地的物种资源库;对低平原区和低山丘陵区个体数、类群数分析,均表现出林缘>林内、田缘>田内的边缘效应现象。

### 1.3.2 土壤动物群落相似性分析

群落内物种的组成因生境不同而异,又存在一定的相似性。群落相似性是指群落组成的相似程度,采用 Jaccard 相似性指数来衡量。

3 个研究区的各样地间相似性程度不同。低平原区(见表 4-5)田缘和田内、林内和田缘为中等相似,林内和田内、林缘和田缘、林内和林缘、林缘和田内为中等不相似,在这里发现,林内和林缘相似性较低,可能与两种生境的水热条件有关,林缘处于林带的边缘地带,受光照、水分等条件与林带内部差异大;台地区(见表 4-6)4 个样地之间均为中等不相似,其中田缘和田内相似性最高,林内和田内相似性次之,而不相邻的林内和田缘相似性最低;低山丘陵区(见表 4-7)4 个样地中田缘与林内、林缘三者互为中等相似,而田内与其三者均为中等不相似,这可能与农田的耕作处理方式、农药化肥的施用有关。

表 4-5　低平原区相似性指数分析

| 地貌类型 | 田内 | 田缘 | 林缘 | 林内 |
|---|---|---|---|---|
| 林内 | 0.46 | 0.53 | 0.41 | 1 |
| 林缘 | 0.35 | 0.47 | 1 | — |
| 田缘 | 0.56 | 1 | — | — |
| 田内 | 1 | — | — | — |

表 4-6　台地区相似性指数分析

| 地貌类型 | 田内 | 田缘 | 林缘 | 林内 |
|---|---|---|---|---|
| 林内 | 0.40 | 0.26 | 0.34 | 1 |
| 林缘 | 0.31 | 0.34 | 1 | — |
| 田缘 | 0.44 | 1 | — | — |
| 田内 | 1 | — | — | — |

表 4-7　低山丘陵区相似性指数分析

| 地貌类型 | 田内 | 田缘 | 林缘 | 林内 |
|---|---|---|---|---|
| 林内 | 0.48 | 0.53 | 0.50 | 1 |
| 林缘 | 0.36 | 0.52 | 1 | — |
| 田缘 | 0.46 | 1 | — | — |
| 田内 | 1 | — | — | — |

由表 4-8 发现,3 种地貌类型之间的相似性指数为 0.25～0.50,为中等不相似。这可能是因为 3 个研究区在海拔、地貌类型、气候、水分等条件存在差异,使各地貌类型都有自己的最适土壤动物,只有一些广布种如蚂蚁、蜘蛛、鞘翅目的部分种在 3 种地貌中都有分布。可见,不同地貌类型的生境具有其独特性。

表 4-8　3 种地貌类型土壤动物相似性指数分析

| 地貌类型 | 低山丘陵区 | 台地区 | 低平原区 |
|---|---|---|---|
| 低平原区 | 0.33 | 0.38 | 1 |
| 台地区 | 0.40 | 1 | — |
| 低山丘陵区 | 1 | — | — |

## 1.4　大型土壤动物群落功能类群的分析

土壤动物种类繁多,其个体大小、活动能力、活动方式各不相同,是土壤生态系统主要的分解者,与微生物共同担负着土壤生态系统的物质循环和能量流动的重要使命,是生态系统重要的组成部分。生活在地下的土壤动物区系与生活在地上的动物区系在各功能类群的组成和结构上都有很大的差异,这主要是由于两者的食物来源不同。土壤动物食性复杂,有些种类兼备几种食性,研究发现,许多种类在食性与功能上相近,在系统中起着相似的生态作用,占据相似的生态位,即同功能类群是更稳定的环境变化指标。不同地区,各功能类群的种类组成不尽相同,其对环境变化的响应具有一定的规律,是土壤动物综合生态研究的重要支撑。同时,大型土壤动物功能类群的研究,可简化土壤动物多样性研究的复杂性,增加系统分析结果的稳定性,由此将土壤动物划分为不同的功能类群。

为了研究方便,陈鹏(1993)提出将土壤动物按其在生态系统的功能进行分类,张雪萍(2001)对凉水自然保护区和帽儿山试验林场的土壤动物进行研究时,将土壤动物划分为腐食性、植食性、捕食性3个同功能种团,后来有学者在这三个类群划分的基础上再次对我国土壤动物区系进行了较系统地完善和丰富,将杂食性动物从原有3类群分类中剥离出来,并加以补充与完善,从而形成了相对完整的4个功能类群,即腐食性土壤动物、植食性土壤动物、捕食性土壤动物和杂食性土壤动物。在以往的研究中,腐食性土壤动物占据很大的比例,但在分离出杂食性土壤动物一类后,我们发现,这种兼备几种食性的杂食性土壤动物也占据了很大的比例。功能类群的分类对简化研究环节、探讨土壤动物在土壤生态系统的功能作用方面大有裨益。

### 1.4.1　各功能类群的生态特征

#### 1.4.1.1　腐食性土壤动物

腐食性土壤动物主要食用各种植物性的凋落物如落枝、落叶、朽木,包括腐食、粪食、菌食和尸食性土壤动物类群,对生态系统的物质分解具有重要的促进作用。在3个调查区主要有蚯蚓、线蚓、葬甲、水龟甲、蕈蚊、尖眼蕈蚊、长角毛蚊、蚤蝇科等,以线蚓居多。

#### 1.4.1.2　植食性土壤动物

植食性土壤动物主要是以植物的枝、叶、根或其汁液等为食,是生态系统中的初级消费者,多为昆虫中的害虫。昆虫是土壤动物区系的重要组成部分,它们中有95%～98%的种类在其生命活动的某一时期与土壤有密切关系。调查区主要有叶蝇科、蝙蝠蛾科、舟蛾科、土蟓科、叩甲科等。

#### 1.4.1.3　捕食性土壤动物

捕食性土壤动物是土壤生物群落中的次级消费者,以土壤中的一些其他动物为食,主要捕食植食性螨、线虫、小型昆虫的幼虫及其他的小型节肢动物。

#### 1.4.1.4　杂食性土壤动物

杂食性土壤动物是指兼备几种食性的土壤动物。与腐食性土壤动物功能类群划分方法相同,对于杂食性土壤动物我们也依据并权衡其食性进行归类,将食性多样的昆虫纲中的几个较大的目,如鞘翅目、半翅目、直翅目、膜翅目等类群中的部分种类依据其主要食性特征分类。杂食性土壤动物因食性复杂,适应性强而分布较广,在研究区数量居多。

### 1.4.2　不同植被类型区各功能类群土壤动物分布特征

#### 1.4.2.1　各功能类群土壤动物水平分布

将3个研究区看作一个整体,按防护林不同结构位置,即林内、林缘、田缘、田内进行分析,研究距林地不同距离、不同食性土壤动物的分布规律。从总体来看(见表4-9),个体数量上腐食性土壤动物>杂食性土壤动物>捕食性土壤动物>植食性土壤动物,四种食性大型土壤动物所占比例为:腐食性土壤动物占65.17%,植食性土壤动物占1.82%,捕食性土壤动物占7.44%,杂食性土壤动物占25.57%;生物量上杂食性土壤动物>腐食性土壤动物>植食性土壤动物>捕食性土壤动物,其中腐食性土壤动物占31.97%,植食性土壤动物占11.19%,捕食性土壤动物占10.69%,杂食性土壤动物占46.14%。杂食性土壤动物没有腐食性土壤动物多,但生物量比腐食性土壤动物大,因为腐食性土壤动物线蚓是优势类群,个体数虽占绝对优势,但其体积小,质量轻。林内、林缘、田缘、田内4个样地,土壤动物的个体数量都是腐食性土壤动物>杂食性土壤动物>捕食性土壤动物>植食性土壤动物;生物量林内为腐食性土壤动物>杂食性土壤动物>植食性土壤动物>捕食性土壤动物,林缘为杂食性土壤动物>腐食性土壤动物>捕食性土壤动物>植食性土壤动物,田缘杂食性土壤动物>腐蚀性土壤动物>植食性土壤动物>捕食性土壤动物,田内为腐食性土壤动物>杂食性土壤动物>捕食性土壤动物>植食性土壤动物,腐食性土壤动物具有修复环境的作用,其可分解有机质,促进土壤很好地进行物质循环和能量流动。

表4-9　防护林不同结构位置大型土壤动物各功能类群个体数量与生物量比较

| 土壤动物分类 | | 林内 | | 林缘 | | 田缘 | | 田内 | | 合计 | |
|---|---|---|---|---|---|---|---|---|---|---|---|
| | | N | B | N | B | N | B | N | B | N | B |
| 腐食性土壤动物 | 蚯蚓 | 12 | 2.169 2 | 15 | 0.689 9 | 3 | 0.030 2 | 2 | 1.085 1 | 32 | 3.974 4 |
| | 线蚓 | 1 547 | 1.203 3 | 942 | 0.758 8 | 386 | 0.366 8 | 187 | 0.118 4 | 3 062 | 2.447 3 |
| | 鞘翅目 | 14 | 0.675 0 | 16 | 0.208 5 | 6 | 0.563 2 | 4 | 0.062 3 | 40 | 1.509 0 |
| | 双翅目 | 16 | 1.080 4 | 23 | 1.897 5 | 6 | 0.262 1 | 1 | 0.000 4 | 46 | 3.240 4 |
| | 华蚖目 | 1 | 0.020 7 | | | | | | | 1 | 0.020 7 |
| | 合计 | 1 590 | 5.148 6 | 996 | 3.554 7 | 401 | 1.222 3 | 194 | 1.266 2 | 3 181 | 11.191 8 |
| | 占总腐食性土壤动物的百分比/% | 49.98 | 46.00 | 31.31 | 31.76 | 12.61 | 10.92 | 6.10 | 11.31 | | |
| 植食性土壤动物 | 鞘翅目 | 14 | 0.201 7 | 3 | 0.033 6 | 1 | 0.006 1 | 8 | 0.056 2 | 26 | 0.297 6 |
| | 双翅目 | | | 1 | 0.432 7 | | | | | 1 | 0.432 7 |
| | 直翅目 | 2 | 0.026 1 | 5 | 0.094 5 | 1 | 0.012 9 | | | 8 | 0.133 5 |
| | 半翅目 | | | 1 | 0.051 4 | 1 | 0.002 1 | | | 2 | 0.053 5 |
| | 缨翅目 | 1 | 0.000 2 | | | | | | | 1 | 0.000 2 |
| | 鳞翅目 | 26 | 1.695 1 | 22 | 0.386 9 | 3 | 0.918 5 | | | 51 | 3.000 5 |
| | 合计 | 43 | 1.923 1 | 32 | 0.999 1 | 6 | 0.939 6 | 8 | 0.056 2 | 89 | 3.918 0 |
| | 占总植食性土壤动物的百分比/% | 48.31 | 49.08 | 35.96 | 25.50 | 6.74 | 23.98 | 8.99 | 1.43 | | |

续表 4-9

| 土壤动物分类 | | 林内 | | 林缘 | | 田缘 | | 田内 | | 总计 | |
| --- | --- | --- | --- | --- | --- | --- | --- | --- | --- | --- | --- |
| | | N | B | N | B | N | B | N | B | N | B |
| 捕食性土壤动物 | 双翅目 | 10 | 0.074 1 | 14 | 0.076 0 | 5 | 0.089 3 | 2 | 0.005 5 | 31 | 0.244 9 |
| | 地蜈蚣目 | 7 | 0.020 0 | 8 | 0.013 1 | 10 | 0.022 7 | 12 | 0.042 4 | 37 | 0.098 2 |
| | 石蜈蚣目 | 4 | 0.024 1 | 4 | 0.063 1 | 4 | 0.095 1 | | | 12 | 0.182 3 |
| | 蜈蚣目 | | | 1 | 0.000 7 | | | 10 | 0.022 3 | 11 | 0.023 0 |
| | 蜘蛛目 | 73 | 0.162 1 | 46 | 0.285 4 | 18 | 0.034 4 | 18 | 0.016 1 | 155 | 0.498 0 |
| | 伪蝎目 | | | | | | | 1 | 0.000 3 | 1 | 0.000 3 |
| | 鞘翅目 | 42 | 1.172 7 | 41 | 1.300 6 | 15 | 0.136 1 | 16 | 0.086 5 | 114 | 2.695 9 |
| | 半翅目 | 1 | 0.000 4 | | | 1 | 0.000 1 | | | 2 | 0.000 5 |
| | 合计 | 137 | 1.453 4 | 114 | 1.738 9 | 53 | 0.377 7 | 59 | 0.173 1 | 363 | 3.743 1 |
| | 占总捕食性土壤动物的百分比/% | 37.74 | 38.83 | 31.40 | 46.46 | 14.60 | 10.09 | 16.25 | 4.62 | | |
| 杂食性土壤动物 | 膜翅目 | 186 | 0.186 5 | 444 | 0.568 3 | 59 | 0.085 2 | 70 | 0.129 6 | 759 | 0.969 6 |
| | 鞘翅目 | 152 | 4.658 9 | 245 | 7.328 0 | 62 | 2.849 4 | 27 | 0.325 1 | 486 | 15.161 4 |
| | 中腹足目 | 1 | 0.000 1 | | | | | 1 | 0.003 5 | 2 | 0.003 6 |
| | 革翅目 | | | | | | | 1 | 0.016 9 | 1 | 0.016 9 |
| | 合计 | 339 | 4.845 5 | 689 | 7.896 3 | 121 | 2.934 6 | 99 | 0.475 1 | 1 248 | 16.151 5 |
| | 占总杂食性土壤动物的百分比/% | 27.16 | 30.00 | 55.21 | 48.89 | 9.70 | 18.17 | 7.93 | 2.94 | | |
| 总计 | | 2 109 | 13.370 6 | 1 831 | 14.189 | 581 | 5.474 2 | 360 | 1.970 6 | 4 881 | 35.004 4 |
| 占总土壤动物的百分比/% | | 43.21 | 38.20 | 37.51 | 40.53 | 11.90 | 15.64 | 7.38 | 5.63 | | |

注:N 为大型土壤动物个体数量,只;B 为大型土壤动物生物量鲜重,g,下同。

大型土壤动物总个体数自林内向田内越来越少,而总生物量林缘>林内>田缘>田内,具有边缘效应,在边缘区的土壤动物比其斑块内部的生物量大;腐食性土壤动物的个体数随着与林地的距离的增加而减少,生物量也呈递减趋势,但田内的生物量大于其边缘区——田缘,腐食性土壤动物数量多,说明环境越稳定,环境条件越好,越适宜动物生存,林地作为农林生态系统中的自然生态系统,人为扰动少,环境破坏小,更适宜土壤动物生存,而农田作为人工生态系统,进行耕种活动将对其环境产生很大影响,使土壤动物的生存环境遭到破坏;植食性土壤动物个体数量同样随着与林地距离的增加而减少,但田内稍多于田缘,而生物量则是自林内向田内明显减小;捕食性土壤动物个体数量变化规律与植食性土壤动物相同,也表现为林内>林缘>田内>田缘,这可能与捕食性土壤动物的食物来源有关,主要捕食植食性土壤动物,而生物量林缘>林内>田缘>田内,与总生物量规律一致;杂食性土壤动物个体数和生物量都是林缘>林内>田缘>田内,具有边缘效应,边缘区域由于光热条件与斑块内部存在差异,使其土壤动物出现特有种,如半翅目的膜蝽科只在林缘和田缘出现。

#### 1.4.2.2　各功能类群土壤动物垂直分布

从总体来看(见表 4-10),四种食性的土壤动物的总个体数量除腐食性土壤动物和杂食性土壤动物表现出 10~15 cm 土层比表层多的现象,其他均表现出表层多、下层少的表聚性现象;而生物量在杂食性土壤动物下层高于表层,其他均是表层高于下层。

表 4-10　各功能类群土壤动物垂直分布

| 土壤动物分类 | 土壤分层 | 林内 | | 林缘 | | 田缘 | | 田内 | | 合计 | |
|---|---|---|---|---|---|---|---|---|---|---|---|
| | | N | B | N | B | N | B | N | B | N | B |
| 腐食性土壤动物 | 0~5 cm | 233 | 2.474 5 | 371 | 2.350 0 | 95 | 0.667 3 | 16 | 0.059 9 | 715 | 5.551 7 |
| | 5~10 cm | 254 | 0.859 3 | 279 | 0.354 2 | 43 | 0.048 3 | 57 | 0.082 4 | 633 | 1.344 2 |
| | 10~15 cm | 683 | 0.567 4 | 218 | 0.376 0 | 123 | 0.108 9 | 45 | 0.023 9 | 1 069 | 1.076 2 |
| | 15~20 cm | 420 | 1.247 4 | 128 | 0.474 5 | 140 | 0.397 8 | 76 | 1.099 9 | 764 | 3.219 6 |
| | 合计 | 1 590 | 5.148 6 | 996 | 3.554 7 | 401 | 1.222 3 | 194 | 1.266 1 | 3 181 | 11.191 7 |
| 植食性土壤动物 | 0~5 cm | 16 | 0.861 3 | 20 | 0.752 5 | 5 | 0.892 2 | 3 | 0.011 1 | 44 | 2.517 1 |
| | 5~10 cm | 11 | 0.484 6 | 5 | 0.090 1 | 1 | 0.047 4 | 3 | 0.031 1 | 20 | 0.653 2 |
| | 10~15 cm | 11 | 0.263 1 | 2 | 0.030 6 | 0 | 0 | 1 | 0.000 2 | 14 | 0.293 9 |
| | 15~20 cm | 5 | 0.314 1 | 5 | 0.125 9 | 0 | 0 | 1 | 0.013 8 | 11 | 0.453 8 |
| | 合计 | 43 | 1.923 1 | 32 | 0.999 1 | 6 | 0.939 6 | 8 | 0.056 2 | 89 | 3.918 0 |
| 捕食性土壤动物 | 0~5 cm | 93 | 0.860 0 | 64 | 0.883 5 | 22 | 0.181 3 | 25 | 0.040 8 | 204 | 1.965 6 |
| | 5~10 cm | 25 | 0.342 3 | 28 | 0.646 4 | 13 | 0.044 8 | 18 | 0.029 7 | 84 | 1.063 2 |
| | 10~15 cm | 10 | 0.219 5 | 10 | 0.042 5 | 11 | 0.048 4 | 9 | 0.079 1 | 40 | 0.389 5 |
| | 15~20 cm | 9 | 0.031 6 | 12 | 0.166 5 | 7 | 0.103 2 | 7 | 0.023 5 | 35 | 0.324 8 |
| | 合计 | 137 | 1.453 4 | 114 | 1.738 9 | 53 | 0.377 7 | 59 | 0.173 1 | 363 | 3.743 1 |
| 杂食性土壤动物 | 0~5 cm | 72 | 1.225 0 | 195 | 1.187 6 | 44 | 0.354 8 | 32 | 0.037 6 | 343 | 2.805 0 |
| | 5~10 cm | 82 | 2.011 9 | 164 | 1.558 7 | 34 | 0.904 0 | 19 | 0.078 5 | 299 | 4.553 1 |
| | 10~15 cm | 117 | 1.427 6 | 174 | 1.660 3 | 30 | 0.887 5 | 25 | 0.260 1 | 346 | 4.235 5 |
| | 15~20 cm | 68 | 0.181 0 | 156 | 3.489 7 | 14 | 0.791 8 | 22 | 0.095 4 | 260 | 4.557 9 |
| | 合计 | 339 | 4.845 5 | 689 | 7.896 3 | 122 | 2.938 1 | 98 | 0.471 6 | 1 248 | 16.151 5 |
| 总计 | | 2 109 | 13.370 6 | 1 831 | 14.189 0 | 582 | 5.477 7 | 359 | 1.967 0 | 4 881 | 35.004 3 |

(1)个体数量:腐食性土壤动物除林缘表聚性明显外,其他样地都出现表层少、下层多的逆分布现象,其中林内的 15~20 cm 土层少于上层,田缘的 5~10 cm 土层是表层的 1/2 还少,田内的 5~10 cm 土层是表层的 3 倍还多,这是由于在低平原区的林内和林缘出

现逆分层现象,且 10~15 土层数量很大;除 5~10 cm 土层外,其余 3 层大体都是自林内向田内递减,但林缘的上面两层都多于林内,而下面两层又都少于林内。植食性土壤动物表聚性明显,只有林缘的 15~20 cm 土层高于上一层;自林内向田内 4 层大体都呈递减趋势,但林缘的表层多于林内,底层与林内的相等,且田缘除表层外,其余 3 层都少于田内,甚至没有土壤动物。捕食性土壤动物表聚性明显,但自林内向田内分布规律存在差异,0~5 cm 土层田缘少于田内,5~10 cm 土层内林缘>林内>田内>田缘,10~15 cm 土层林内和林缘数量相等,但少于田缘,多于田内,15~20 cm 土层林缘>林内>田缘=田内,这与不同地貌类型区间的差异有关。杂食性土壤动物大体具有表聚性,但林内和林缘的 10~15 cm 土层出现稍多现象,田内的 5~10 cm 土层又少于下面两层;前 3 层都是林缘>林内>田缘>田内,而最下一层为林缘>林内>田内>田缘,三种地貌类型区各层也都是林缘数目最大。

（2）生物量:腐食性土壤动物林内和林缘表聚性明显,但 15~20 cm 土层生物量较大,而田缘和田内出现逆分布现象,但田缘的表层高于另 3 层;自林内向田内大体呈递减趋势,但田缘的 5~10 cm 土层小于田内,15~20 cm 土层的林内>田内>林缘>田缘。

植食性土壤动物除田内规律性不明显,其余都具有表聚性,但林内和林缘的最底层生物量偏大;自林内向田内生物量大体呈递减趋势,但田缘的 10~15 cm 土层、15~20 cm 土层没有土壤动物。

捕食性土壤动物生物量具有明显的表聚性,但在林缘 15~20 cm 土层,田缘 10~15 cm 土层、15~20 cm 土层,田内 10~15 cm 土层生物量偏大;自林内向田内,0~5 cm 土层、5~10 cm 土层和 15~20 cm 土层大体呈递减趋势,但 0~5 cm 土层、5~10 cm 土层林缘大于林内,15~20 cm 土层林内偏小,而 10~15 cm 土层的林内>田内>田缘>林缘。

杂食性土壤动物生物量在各样地表聚性均不明显,反而多表现出下层高于表层的现象;各层林内向田内大体呈递减趋势,10~15 cm 土层、15~20 cm 土层的林内生物量较小。

### 1.4.3　不同地貌类型区各功能类群土壤动物分布特征

#### 1.4.3.1　各功能类群土壤动物水平分布

由低平原区 4 个样地大型土壤动物调查结果(见表 4-11)可见,总个体数量:腐食性土壤动物>杂食性土壤动物>捕食性土壤动物>植食性土壤动物;总生物量:杂食性土壤动物>腐食性土壤动物>捕食性土壤动物>植食性土壤动物。腐食性土壤动物、植食性土壤动物、捕食性土壤动物和杂食性土壤动物 4 个功能类群的个体数量分别占 59.29%、0.36%、5.43%、34.92%;生物量分别占 12.81%、0.05%、12.62%、74.52%,个体数量和生物量不具有统一性。个体数量各食性土壤动物自林内向田内减少,只有植食性土壤动物在田内最多,杂食性土壤动物在林缘最多;生物量为腐食性土壤动物自林内向田内减少,植食性土壤动物林缘>田缘>田内>林内,捕食性土壤动物和杂食性土壤动物为林缘>林内>田缘>田内。腐食性土壤动物个体数量远远高于其他 3 种食性的土壤动物,主要因为线蚓数量巨大。而杂食性土壤动物的生物量占绝对优势,主要是因为鞘翅目的金龟甲科和膜翅目的蚁科在林内和林缘,特别是林缘数量很大。而植食性土壤动物的个体数量和生物量均最小,植食性土壤动物多危害植物,可能是该地捕食动物多的原因之一。

表 4-11　低平原区土壤动物各功能类群个体数与生物量比较

| 土壤动物分类 | | 林内 | | 林缘 | | 田缘 | | 田内 | | 合计 | |
|---|---|---|---|---|---|---|---|---|---|---|---|
| | | N | B | N | B | N | B | N | B | N | B |
| 腐食性土壤动物 | 蚯蚓 | 4 | 0.048 1 | | | | | | | 4 | 0.048 1 |
| | 线蚓 | 1 127 | 0.679 6 | 162 | 0.101 3 | | | | | 1 289 | 0.780 9 |
| | 鞘翅目 | 4 | 0.202 3 | 4 | 0.132 9 | 2 | 0.001 4 | | | 10 | 0.336 6 |
| | 双翅目 | 3 | 0.063 9 | 3 | 0.091 5 | 1 | 0.051 1 | | | 7 | 0.206 5 |
| | 华蚖目 | 1 | 0.020 7 | | | | | | | 1 | 0.020 7 |
| | 合计 | 1 139 | 1.014 6 | 169 | 0.325 7 | 3 | 0.052 5 | | | 1 311 | 1.392 8 |
| | 占总腐食性土壤动物的百分比/% | 86.88 | 72.85 | 12.89 | 23.38 | 0.23 | 3.77 | | | | |
| 植食性土壤动物 | 鞘翅目 | | | 1 | 0.002 4 | | | 4 | 0.000 8 | 5 | 0.003 2 |
| | 直翅目 | 1 | 0.000 4 | | | | | | | 1 | 0.000 4 |
| | 半翅目 | | | | | 1 | 0.002 1 | | | 1 | 0.002 1 |
| | 缨翅目 | 1 | 0.000 2 | | | | | | | 1 | 0.000 2 |
| | 合计 | 2 | 0.000 6 | 1 | 0.002 4 | 1 | 0.002 1 | 4 | 0.000 8 | 8 | 0.005 9 |
| | 占总植食性土壤动物的百分比/% | 25.00 | 10.17 | 12.50 | 40.68 | 12.50 | 35.59 | 50.00 | 13.56 | | |
| 捕食性土壤动物 | 双翅目 | 3 | 0.013 5 | 9 | 0.038 6 | 2 | 0.065 4 | | | 14 | 0.117 5 |
| | 地蜈蚣目 | 6 | 0.010 1 | | | 6 | 0.015 5 | 2 | 0.003 1 | 14 | 0.028 7 |
| | 石蜈蚣目 | 2 | 0.010 5 | | | | | | | 2 | 0.010 5 |
| | 蜘蛛目 | 11 | 0.032 6 | 6 | 0.010 1 | 6 | 0.006 3 | 7 | 0.010 5 | 30 | 0.059 5 |
| | 伪蝎目 | | | | | | | 1 | 0.000 3 | 1 | 0.000 3 |
| | 鞘翅目 | 24 | 0.353 7 | 24 | 0.732 1 | 5 | 0.008 1 | 4 | 0.060 8 | 57 | 1.154 7 |
| | 半翅目 | 1 | 0.000 4 | | | 1 | 0.000 1 | | | 2 | 0.000 5 |
| | 合计 | 47 | 0.420 8 | 39 | 0.780 8 | 20 | 0.095 4 | 14 | 0.074 7 | 120 | 1.371 7 |
| | 占总捕食性土壤动物的百分比/% | 39.17 | 30.68 | 32.50 | 56.92 | 16.67 | 6.95 | 11.67 | 5.45 | | |
| 杂食性土壤动物 | 膜翅目 | 165 | 0.145 4 | 360 | 0.427 9 | 56 | 0.047 4 | 14 | 0.073 3 | 595 | 0.694 0 |
| | 鞘翅目 | 44 | 2.705 7 | 117 | 4.338 7 | 11 | 0.342 1 | 5 | 0.021 1 | 177 | 7.407 6 |
| | 合计 | 209 | 2.851 1 | 477 | 4.766 6 | 67 | 0.389 4 | 19 | 0.094 4 | 772 | 8.101 6 |
| | 占总杂食性土壤动物的百分比/% | 27.07 | 35.19 | 61.79 | 58.84 | 8.68 | 4.81 | 2.46 | 1.17 | 34.92 | 74.52 |
| 总计 | | 1 397 | 4.287 1 | 686 | 5.875 5 | 91 | 0.539 5 | 37 | 0.169 9 | 2 211 | 10.872 0 |
| 占总土壤动物的百分比/% | | 63.18 | 39.43 | 31.03 | 54.04 | 4.12 | 4.96 | 1.67 | 1.56 | | |

由台地区 4 个样地大型土壤动物调查结果(见表 4-12)可见,个体数量和生物量都是杂食性土壤动物>捕食性土壤动物>植食性土壤动物>腐食性土壤动物。腐食性土壤动物、植食性土壤动物、捕食性土壤动物和杂食性土壤动物 4 个功能类群的个体数量分别占 3.03%、6.89%、26.72%、63.36%;生物量分别占 5.03%、9.89%、16.93%、68.16%,个体数量和生物量规律一致。林内的各功能类群的土壤动物都多于田内,4 个样地的田缘均未发现腐食性土壤动物和植食性土壤动物。腐食性土壤动物和植食性土壤动物总个体数量都是林内>田内>林缘>田缘,捕食性土壤动物和杂食性土壤动物则是林缘多于田内;腐食性土壤动物和植食性土壤动物的生物量都是林内>田内>林缘>田缘,这与个体数量规律性一致,捕食性土壤动物和杂食性土壤动物都是自林内向田内递减,但杂食性土壤动物的生物量田内高于田缘。林内的捕食性土壤动物生物量所占比例达到 80.00%,主要是鞘翅目的步甲个体数量多,生物量大。杂食性土壤动物主要为鞘翅目的金龟甲科和隐翅甲科,膜翅目的蚁科。金龟甲科的部分种可以促进有机物的分解,维持物质能量的良性循环和生态群落结构的平衡;有些种类既是玉米、麦类、棉花、花生、豆类、山楂、苹果、梨、蔬菜等多种植物的害虫,又是麦长管蚜、棉蚜等多种蚜类的天敌,因此可用于生物防治;而有些种类却危害农作物、果树与林木等。

表 4-12　台地区大型土壤动物各功能类群比较

| 土壤动物分类 | | 林内 | | 林缘 | | 田缘 | | 田内 | | 合计 | |
|---|---|---|---|---|---|---|---|---|---|---|---|
| | | N | B | N | B | N | B | N | B | N | B |
| 腐食性土壤动物 | 线蚓 | | | | | | | 1 | 0.000 2 | 1 | 0.000 2 |
| | 鞘翅目 | 4 | 0.269 6 | 2 | 0.001 8 | | | 1 | 0.043 4 | 7 | 0.314 8 |
| | 双翅目 | 2 | 0.001 5 | | | | | 1 | 0.000 4 | 3 | 0.001 9 |
| | 合计 | 6 | 0.271 1 | 2 | 0.001 8 | | | 3 | 0.044 0 | 11 | 0.316 9 |
| | 占总腐食性土壤动物的百分比/% | 54.55 | 85.55 | 18.18 | 0.57 | | | 27.27 | 13.88 | | |
| 植食性土壤动物 | 鞘翅目 | 10 | 0.146 6 | | | | | 4 | 0.055 4 | 14 | 0.202 0 |
| | 鳞翅目 | 7 | 0.380 7 | 4 | 0.04 | | | | | 11 | 0.420 7 |
| | 合计 | 17 | 0.527 3 | 4 | 0.04 | | | 4 | 0.055 4 | 25 | 0.622 7 |
| | 占总植食性土壤动物的百分比/% | 68.00 | 84.68 | 16.00 | 6.42 | | | 16.00 | 8.90 | | |
| 捕食性土壤动物 | 蜘蛛目 | 42 | 0.075 1 | 16 | 0.114 8 | 2 | 0.001 1 | 11 | 0.005 6 | 71 | 0.196 6 |
| | 地蜈蚣目 | | | | | | | 2 | 0.001 7 | 2 | 0.001 7 |
| | 鞘翅目 | 14 | 0.728 2 | 3 | 0.080 7 | 1 | 0.008 8 | 1 | 0.000 5 | 19 | 0.818 2 |
| | 双翅目 | 5 | 0.049 6 | | | | | | | 5 | 0.049 6 |
| | 合计 | 61 | 0.852 9 | 19 | 0.195 5 | 3 | 0.009 9 | 14 | 0.007 8 | 97 | 1.066 1 |
| | 占总捕食性土壤动物的百分比/% | 62.89 | 80.00 | 19.59 | 18.34 | 3.09 | 0.93 | 14.43 | 0.73 | | |

续表 4-12

| 土壤动物分类 | | 林内 | | 林缘 | | 田缘 | | 田内 | | 总计 | |
|---|---|---|---|---|---|---|---|---|---|---|---|
| | | N | B | N | B | N | B | N | B | N | B |
| 杂食性土壤动物 | 鞘翅目 | 67 | 1.428 7 | 38 | 1.243 6 | 13 | 1.240 4 | 5 | 0.153 2 | 123 | 4.065 9 |
| | 革翅目 | | | | | | | 1 | 0.016 9 | 1 | 0.016 9 |
| | 膜翅目 | 21 | 0.041 1 | 40 | 0.111 1 | 3 | 0.037 8 | 42 | 0.020 1 | 106 | 0.210 1 |
| | 合计 | 88 | 1.469 8 | 78 | 1.354 7 | 16 | 1.278 2 | 48 | 0.190 2 | 230 | 4.292 9 |
| | 占总杂食性土壤动物的百分比/% | 38.26 | 34.24 | 33.91 | 31.56 | 6.96 | 29.77 | 20.87 | 4.43 | | |
| 总计 | | 172 | 3.121 1 | 103 | 1.592 0 | 19 | 1.288 1 | 69 | 0.297 4 | 363 | 6.298 6 |
| 占土壤动物的百分比/% | | 47.38 | 49.55 | 28.37 | 25.28 | 5.23 | 20.45 | 19.01 | 4.72 | | |

由低山丘陵区 4 个样地大型土壤动物调查结果(见表 4-13)可见,个体数量:腐食性土壤动物>杂食性土壤动物>捕食性土壤动物>植食性土壤动物;生物量:腐食性土壤动物>杂食性土壤动物>植食性土壤动物>捕食性土壤动物。腐食性土壤动物、植食性土壤动物、捕食性土壤动物和杂食性土壤动物 4 个功能类群的个体数量分别占 80.58%、2.43%、6.33%、10.66%;生物量分别占 55.65%、17.47%、6.93%、19.95%,个体数量和生物量不具有统一性。各功能类群个体数量都是林缘>林内>田缘>田内,但捕食性土壤动物是林缘>田内>田缘>林内;生物量上腐食性土壤动物和植食性土壤动物都是自林内向田内递减,而捕食性和杂食性土壤动物在林地和农田中间的交错地带即林缘和田缘要多于林内和田内,有明显的边缘效应。腐食性土壤动物个数多是由于线蚓占绝对优势,植食性土壤动物个体数量少而生物量较大是因为林内和林缘鳞翅目多,多为蝙蝠蛾科、舟蛾科和菜蛾科。林缘位于林地和农田中间的交错地带且靠近林地,腐食性和植食性土壤动物在林地及其边缘生物量最大,捕食性和杂食性土壤动物在林地和农田的交错区即林缘、田缘生物量最大。田内无植食性土壤动物。

表 4-13　低山丘陵区大型土壤动物各功能类群比较

| 土壤动物分类 | | 林内 | | 林缘 | | 田缘 | | 田内 | | 合计 | |
|---|---|---|---|---|---|---|---|---|---|---|---|
| | | N | B | N | B | N | B | N | B | N | B |
| 腐食性土壤动物 | 蚯蚓 | 8 | 2.121 1 | 15 | 0.689 9 | 3 | 0.030 2 | 2 | 1.085 1 | 28 | 3.926 3 |
| | 线蚓 | 420 | 0.523 7 | 780 | 0.657 5 | 386 | 0.366 8 | 186 | 0.118 2 | 1 772 | 2.666 2 |
| | 鞘翅目 | 6 | 0.203 1 | 10 | 0.073 8 | 4 | 0.561 8 | 3 | 0.018 9 | 23 | 0.857 6 |
| | 双翅目 | 11 | 1.015 0 | 20 | 1.806 0 | 5 | 0.211 0 | | | 36 | 3.032 0 |
| | 合计 | 445 | 3.862 9 | 825 | 3.227 2 | 398 | 1.169 8 | 191 | 1.222 2 | 1 859 | 10.482 1 |
| | 占总腐食性土壤动物的百分比/% | 23.94 | 40.74 | 44.38 | 34.03 | 21.41 | 12.34 | 10.27 | 12.89 | | |

续表 4-13

| 土壤动物分类 | | 林内 N | 林内 B | 林缘 N | 林缘 B | 田缘 N | 田缘 B | 田内 N | 田内 B | 总计 N | 总计 B |
|---|---|---|---|---|---|---|---|---|---|---|---|
| 植食性土壤动物 | 双翅目 | | | 1 | 0.432 7 | | | | | 1 | 0.432 7 |
| | 鳞翅目 | 19 | 1.314 4 | 18 | 0.346 9 | 3 | 0.918 5 | | | 40 | 2.579 8 |
| | 半翅目 | | | 1 | 0.051 4 | | | | | 1 | 0.051 4 |
| | 直翅目 | 1 | 0.025 7 | 5 | 0.094 5 | 1 | 0.012 9 | | | 7 | 0.133 1 |
| | 鞘翅目 | 4 | 0.055 1 | 2 | 0.031 2 | 1 | 0.006 1 | | | 7 | 0.092 4 |
| | 合计 | 24 | 1.395 2 | 27 | 0.956 7 | 5 | 0.937 5 | | | 56 | 3.289 4 |
| | 占总植食性土壤动物的百分比/% | 42.86 | 42.42 | 48.21 | 29.08 | 8.93 | 28.50 | | | | |
| 捕食性土壤动物 | 地蜈蚣目 | 1 | 0.009 9 | 8 | 0.013 1 | 4 | 0.007 2 | 8 | 0.037 6 | 21 | 0.067 8 |
| | 石蜈蚣目 | 2 | 0.013 6 | 4 | 0.063 1 | 4 | 0.095 1 | | | 10 | 0.171 8 |
| | 蜈蚣目 | | | 1 | 0.000 7 | | | | | 1 | 0.000 7 |
| | 蜘蛛目 | 20 | 0.054 4 | 24 | 0.160 5 | 10 | 0.027 0 | 10 | 0.022 3 | 64 | 0.264 2 |
| | 鞘翅目 | 4 | 0.090 8 | 14 | 0.487 8 | 9 | 0.119 2 | 11 | 0.025 2 | 38 | 0.723 0 |
| | 双翅目 | 2 | 0.011 0 | 5 | 0.037 4 | 3 | 0.023 9 | 2 | 0.005 5 | 12 | 0.077 8 |
| | 合计 | 29 | 0.179 7 | 56 | 0.762 6 | 30 | 0.272 4 | 31 | 0.090 6 | 146 | 1.305 3 |
| | 占总捕食性土壤动物的百分比/% | 19.86 | 13.77 | 38.36 | 58.42 | 20.55 | 20.87 | 21.23 | 6.94 | | |
| 杂食性土壤动物 | 鞘翅目 | 41 | 0.524 5 | 90 | 1.745 7 | 38 | 1.266 9 | 17 | 0.150 8 | 186 | 3.687 9 |
| | 中腹足目 | 1 | 0.000 1 | | | 1 | 0.003 5 | | | 2 | 0.003 6 |
| | 膜翅目 | | | 44 | 0.029 3 | | | 14 | 0.036 2 | 58 | 0.065 5 |
| | 合计 | 42 | 0.524 6 | 134 | 1.775 0 | 39 | 1.270 4 | 31 | 0.187 0 | 246 | 3.757 0 |
| | 占总杂食性土壤动物的百分比/% | 17.07 | 13.96 | 54.47 | 47.25 | 15.85 | 33.81 | 12.60 | 4.98 | | |
| 总计 | | 540 | 5.962 4 | 1 042 | 6.721 5 | 472 | 3.650 1 | 253 | 1.499 8 | 2 307 | 17.833 8 |
| 占土壤动物的百分比/% | | 23.41 | 33.43 | 45.17 | 37.69 | 20.46 | 20.47 | 10.97 | 8.41 | | |

#### 1.4.3.2　各功能类群土壤动物垂直分布

低平原区(见表 4-14)腐食性土壤动物出现逆分布现象,但 15～20 cm 土层要少于 10～15 cm 土层;植食性土壤动物分布不均;捕食性土壤动物有明显的表聚性;杂食性土壤动物林内无规律,林缘和田内出现逆分布。林内的腐食性土壤动物中线蚓的数量巨大,占腐食性土壤动物总个数的 98.94%。田内植食性土壤动物比例最大,占植食性土壤动物总个体数的 50%。生物量方面规律性不明显,除了杂食性土壤动物,其余各样地都是个体数量最多的层生物量最大,其余层规律性不明显。腐食性土壤动物生物量表现为林内>林缘>田缘>田内,植食性土壤动物的生物量为林缘>田缘>田内>林内,捕食性土壤动物和杂食性土壤动物则是林缘>林内>田缘>田内。从总的生物量来看,林缘>林内,田缘>田内,说明相邻斑块的边缘交错带更适于土壤动物的生存。

表 4-14　低平原区大型土壤动物各功能类群的垂直分布

| 土壤动物分类 | 土壤分层 | 林内 | | 林缘 | | 田缘 | | 田内 | | 合计 | |
|---|---|---|---|---|---|---|---|---|---|---|---|
| | | N | B | N | B | N | B | N | B | N | B |
| 腐食性土壤动物 | 0~5 cm | 14 | 0.166 2 | 9 | 0.133 4 | 1 | 0.000 8 | | | 24 | 0.300 4 |
| | 5~10 cm | 177 | 0.215 9 | 30 | 0.091 0 | 1 | 0.000 6 | | | 208 | 0.307 5 |
| | 10~15 cm | 583 | 0.372 5 | 78 | 0.072 3 | | | | | 661 | 0.444 8 |
| | 15~20 cm | 365 | 0.260 0 | 52 | 0.029 0 | 1 | 0.051 1 | | | 418 | 0.340 1 |
| | 合计 | 1 139 | 1.014 6 | 169 | 0.325 7 | 3 | 0.052 5 | | | 1 311 | 1.392 8 |
| 植食性土壤动物 | 0~5 cm | 2 | 0.000 6 | | | 1 | 0.002 1 | 2 | 0.000 4 | 5 | 0.003 1 |
| | 5~10 cm | | | | | | | 1 | 0.000 2 | 1 | 0.000 2 |
| | 10~15 cm | | | 1 | 0.002 4 | | | 1 | 0.000 2 | 2 | 0.002 6 |
| | 15~20 cm | | | | | | | | | | |
| | 合计 | 2 | 0.000 6 | 1 | 0.002 4 | 1 | 0.002 1 | 4 | 0.000 8 | 8 | 0.005 9 |
| 捕食性土壤动物 | 0~5 cm | 33 | 0.301 7 | 21 | 0.468 5 | 8 | 0.011 7 | 7 | 0.010 9 | 69 | 0.792 8 |
| | 5~10 cm | 8 | 0.083 8 | 14 | 0.298 5 | 6 | 0.008 2 | 3 | 0.001 2 | 31 | 0.391 7 |
| | 10~15 cm | 3 | 0.028 9 | 3 | 0.013 4 | 4 | 0.010 5 | 2 | 0.059 8 | 12 | 0.112 6 |
| | 15~20 cm | 3 | 0.006 4 | 1 | 0.000 4 | 2 | 0.065 0 | 2 | 0.002 8 | 8 | 0.074 6 |
| | 合计 | 47 | 0.420 8 | 39 | 0.780 8 | 20 | 0.095 4 | 14 | 0.074 7 | 120 | 1.371 7 |
| 杂食性土壤动物 | 0~5 cm | 32 | 0.737 7 | 114 | 0.105 4 | 23 | 0.021 5 | 3 | 0.005 4 | 172 | 0.870 0 |
| | 5~10 cm | 24 | 0.847 7 | 107 | 0.803 9 | 19 | 0.347 7 | 4 | 0.026 5 | 154 | 2.025 8 |
| | 10~15 cm | 99 | 1.138 8 | 123 | 1.033 4 | 20 | 0.012 9 | 4 | 0.042 7 | 246 | 2.227 8 |
| | 15~20 cm | 54 | 0.126 9 | 133 | 2.823 9 | 5 | 0.007 4 | 8 | 0.019 8 | 200 | 2.978 0 |
| | 合计 | 209 | 2.851 1 | 477 | 4.766 6 | 67 | 0.389 5 | 19 | 0.094 4 | 772 | 8.101 6 |
| 总计 | | 1 397 | 4.287 1 | 686 | 5.875 5 | 91 | 0.539 5 | 37 | 0.169 9 | 2 211 | 10.872 0 |

　　台地区(见表 4-15)各功能类群的总个体数和总生物量除植食性动物出现逆分布现象外,其余 3 种食性总个体数的表聚性较明显。腐食性土壤动物和杂食性土壤动物 5~10 cm 土层相对表层稍多,植食性土壤动物 10~15 cm 土层>5~10 cm 土层>0~5 cm 土层和

15~20 cm 土层,捕食性土壤动物 15~20 cm 土层比 10~15 cm 土层稍多。腐食性土壤动物林内 5~10 cm 土层多于 0~5 cm 土层,也多于 10~15 cm 土层,其余样地个数较少,不具规律性,只有一只或没有;植食性土壤动物在林内出现逆分布现象,但 15~20 cm 土层较少,其余样地个体数较少甚至没有;捕食性土壤动物 4 个样地除田内 5~10 cm 土层数量多于表层外,都有明显的表聚性;杂食性土壤动物 4 个样地大体具有表聚性,田缘表层土壤动物较少,其余 3 层数量相等。

表 4-15  台地区大型土壤动物各功能类群的垂直分布

| 土壤动物分类 | 土壤分层 | 林内 | | 林缘 | | 田缘 | | 田内 | | 合计 | |
|---|---|---|---|---|---|---|---|---|---|---|---|
| | | N | B | N | B | N | B | N | B | N | B |
| 腐食性土壤动物 | 0~5 cm | 2 | 0.113 4 | 1 | 0.001 3 | | | 1 | 0.000 4 | 4 | 0.115 1 |
| | 5~10 cm | 3 | 0.154 4 | 1 | 0.000 5 | | | 1 | 0.043 4 | 5 | 0.198 3 |
| | 10~15 cm | 1 | 0.003 3 | | | | | | | 1 | 0.003 3 |
| | 15~20 cm | | | | | | | 1 | 0.000 1 | 1 | 0.000 1 |
| | 合计 | 6 | 0.271 1 | 2 | 0.001 8 | | | 3 | 0.043 9 | 11 | 0.316 8 |
| 植食性土壤动物 | 0~5 cm | 2 | 0.091 1 | 2 | 0.02 | | | 1 | 0.010 7 | 5 | 0.121 8 |
| | 5~10 cm | 4 | 0.068 7 | | | | | 2 | 0.030 9 | 6 | 0.099 6 |
| | 10~15 cm | 9 | 0.178 5 | | | | | | | 9 | 0.178 5 |
| | 15~20 cm | 2 | 0.189 0 | 2 | 0.02 | | | 1 | 0.013 8 | 5 | 0.222 8 |
| | 合计 | 17 | 0.527 3 | 4 | 0.04 | | | 4 | 0.055 4 | 25 | 0.622 7 |
| 捕食性土壤动物 | 0~5 cm | 42 | 0.474 0 | 15 | 0.114 7 | 2 | 0.001 1 | 4 | 0.002 4 | 63 | 0.592 2 |
| | 5~10 cm | 13 | 0.169 2 | 2 | 0.000 4 | 1 | 0.008 8 | 9 | 0.005 1 | 25 | 0.183 5 |
| | 10~15 cm | 2 | 0.187 6 | 1 | 0.018 0 | | | 1 | 0.000 3 | 4 | 0.205 9 |
| | 15~20 cm | 4 | 0.022 1 | 1 | 0.062 4 | | | | | 5 | 0.084 5 |
| | 合计 | 61 | 0.852 9 | 19 | 0.195 5 | 3 | 0.009 9 | 14 | 0.007 8 | 97 | 1.066 1 |
| 杂食性土壤动物 | 0~5 cm | 13 | 0.180 4 | 28 | 0.217 4 | 1 | 0.100 4 | 24 | 0.012 4 | 66 | 0.510 6 |
| | 5~10 cm | 47 | 0.991 7 | 17 | 0.309 0 | 5 | 0.309 0 | 10 | 0.005 5 | 79 | 1.615 2 |
| | 10~15 cm | 16 | 0.250 9 | 21 | 0.498 0 | 5 | 0.687 2 | 5 | 0.151 8 | 47 | 1.587 9 |
| | 15~20 cm | 12 | 0.046 8 | 12 | 0.330 3 | 5 | 0.181 6 | 9 | 0.020 5 | 38 | 0.579 2 |
| | 合计 | 88 | 1.469 8 | 78 | 1.354 7 | 16 | 1.278 2 | 48 | 0.190 2 | 230 | 4.292 9 |
| 总计 | | 172 | 3.121 1 | 103 | 1.592 0 | 19 | 1.288 1 | 69 | 0.297 3 | 363 | 6.298 5 |

低山丘陵区(见表 4-16)各食性土壤动物个体数量表聚性明显,但各样地略有差异。腐食性土壤动物在林内、田缘的 5~10 cm 土层较少;植食性土壤动物在林内、林缘和田内都是 15~20 cm 土层比 10~15 cm 土层多,因此总个体数 15~20 cm 土层比 10~15 cm 土层多;捕食性土壤动物林内、田缘和田内的 15~20 cm 土层比 10~15 cm 土层少,林缘的 15~20 cm 土层比 10~15 cm 土层多,但总个数上表聚性明显;杂食性土壤动物除田内

10~15 cm 土层最多,其余 3 层个数相等外,其余 3 个样地表聚性明显。总生物量上各食性动物差别特别大,如腐食性土壤动物 15~20 cm 土层个体数最少,但生物量所占比例达到 30.37%,仅次于个体数量最多的表层的 54.17%;植食性土壤动物和捕食性土壤动物 15~20 cm 土层比 10~15 cm 土层稍多,而杂食性土壤动物 15~20 cm 土层大于 5~10 cm 土层;各样地间除腐食性土壤动物的田缘、捕食性土壤动物的林缘、杂食性土壤动物的田缘外,个体数量最多的层生物量也最大。

表 4-16　低山丘陵区大型土壤动物各功能类群的垂直分布

| 土壤动物分类 | 土壤分层 | 林内 | | 林缘 | | 田缘 | | 田内 | | 合计 | |
|---|---|---|---|---|---|---|---|---|---|---|---|
| | | N | B | N | B | N | B | N | B | N | B |
| 腐食性土壤动物 | 0~5 cm | 217 | 2.194 9 | 361 | 2.215 3 | 94 | 0.666 5 | 15 | 0.059 5 | 687 | 5.136 2 |
| | 5~10 cm | 74 | 0.489 0 | 248 | 0.262 7 | 42 | 0.047 7 | 56 | 0.039 0 | 420 | 0.838 4 |
| | 10~15 cm | 99 | 0.191 6 | 140 | 0.303 7 | 123 | 0.108 9 | 45 | 0.023 9 | 407 | 0.628 1 |
| | 15~20 cm | 55 | 0.987 4 | 76 | 0.445 5 | 139 | 0.346 7 | 75 | 1.099 8 | 345 | 2.879 4 |
| | 合计 | 445 | 3.862 9 | 825 | 3.227 2 | 398 | 1.169 8 | 191 | 1.222 2 | 1 859 | 9.482 1 |
| 植食性土壤动物 | 0~5 cm | 12 | 0.769 6 | 18 | 0.732 5 | 4 | 0.890 1 | | | 34 | 2.392 2 |
| | 5~10 cm | 7 | 0.415 9 | 5 | 0.090 1 | 1 | 0.047 4 | | | 13 | 0.553 4 |
| | 10~15 cm | 2 | 0.084 6 | 1 | 0.028 2 | | | | | 3 | 0.112 8 |
| | 15~20 cm | 3 | 0.125 1 | 3 | 0.105 9 | | | | | 6 | 0.231 0 |
| | 合计 | 24 | 1.395 2 | 27 | 0.956 7 | 5 | 0.937 5 | | | 56 | 3.289 4 |
| 捕食性土壤动物 | 0~5 cm | 18 | 0.084 3 | 28 | 0.300 3 | 12 | 0.168 5 | 14 | 0.027 5 | 72 | 0.580 6 |
| | 5~10 cm | 4 | 0.089 3 | 12 | 0.347 5 | 6 | 0.027 8 | 6 | 0.023 4 | 28 | 0.488 0 |
| | 10~15 cm | 5 | 0.003 0 | 6 | 0.011 1 | 7 | 0.037 9 | 6 | 0.019 0 | 24 | 0.071 0 |
| | 15~20 cm | 2 | 0.003 1 | 10 | 0.103 7 | 5 | 0.038 2 | 5 | 0.020 7 | 22 | 0.165 7 |
| | 合计 | 29 | 0.179 7 | 56 | 0.762 6 | 30 | 0.272 4 | 31 | 0.090 6 | 146 | 1.305 3 |
| 杂食性土壤动物 | 0~5 cm | 27 | 0.306 9 | 53 | 0.864 8 | 20 | 0.232 9 | 5 | 0.019 8 | 105 | 1.424 4 |
| | 5~10 cm | 11 | 0.172 5 | 40 | 0.445 8 | 10 | 0.247 3 | 5 | 0.046 5 | 66 | 0.912 1 |
| | 10~15 cm | 2 | 0.037 9 | 30 | 0.128 9 | 5 | 0.187 4 | 16 | 0.065 6 | 53 | 0.419 8 |
| | 15~20 cm | 2 | 0.007 3 | 11 | 0.335 5 | 4 | 0.602 8 | 5 | 0.055 1 | 22 | 1.000 7 |
| | 合计 | 42 | 0.524 6 | 134 | 1.775 0 | 39 | 1.270 4 | 31 | 0.187 0 | 246 | 3.757 0 |
| 总计 | | 540 | 5.962 4 | 1 042 | 6.721 5 | 472 | 3.650 1 | 253 | 1.499 8 | 2 307 | 17.833 8 |

# 第 2 节　基于稳定同位素分析的防护林大型土壤动物营养结构研究

　　稳定同位素是天然存在于自然界的不具有放射性的一类同位素,早在 20 世纪 70 年代末期,稳定同位素技术就被引入生态学研究领域,随着同位素技术应用的越来越成熟,其在生态学研究中的重要性也日益突出。近年来,稳定性同位素技术被应用于分析生态系统中的营养关系,成为一种简单又实用,并且准确度较高的一种方法,对推动生态系统功能研究具有重要意义。在食物链传递过程中,氮稳定同位素($^{15}N$)通常随着营养等级升高而富集,并且相邻营养级间具有相对恒定(1.5‰~3.0‰)的富集效应,通过对生态系统中不同生物类群 $\delta^{15}N$ 进行测定,能够准确地分析出不同生物的营养级位置,在研究生态系统食物结构及营养关系方面具有强大的作用,尤其是对一些体型较小生物类群的研究更体现出其独有的优势。目前该技术在很多类型生态系统的功能分析及食物网研究中都有一定的应用,但该技术的应用还有很多不成熟的方面,如不同生态系统中生物 $\delta^{15}N$ 富集量的差异性、影响生物 $\delta^{15}N$ 值的因素等还没有一致的认识。土壤动物功能研究一直都是土壤动物生态学研究的重要内容之一,传统的研究方法无法对土壤动物之间的营养关系进行精确的认识,稳定同位素的应用使这一问题得到解决,但该研究方法在土壤生态系统研究中的应用还处于刚刚开始的阶段,虽然如此,其在土壤动物营养关系研究方面强大的功能和独特的优势已经被很多研究人员所认识,目前国外已有不少相关方面的研究报道。我国土壤动物研究起步较晚,在土壤动物功能方面研究还很薄弱,土壤动物营养关系的研究主要以定性划分功能类群为主,定量确定不同土壤动物的营养级及它们之间的营养关系还没有研究,稳定同位素技术在土壤动物研究方面的应用目前还未有报道。

　　以杨树为主的人工防护林在防风固沙等方面发挥了重要作用,在不同的环境条件下,其群落功能及林下生境的变化对土壤生态系统具有重要的影响,土壤动物作为土壤生态系统的重要组成部分和生态系统健康的重要指示生物,其群落组成与功能变化也是对防护林生态系统变化的一种响应。研究探索性地使用稳定氮同位素技术分析土壤动物的功能关系,选择 3 处不同地形部位的人工防护林作为调查样地,对其大型土壤动物的 $\delta^{15}N$ 及全氮值进行测定,同时测定了环境中土壤、细根及枯落叶的相应值,在此基础上分析了不同环境条件下土壤动物 $\delta^{15}N$ 的差异性及与其他因素之间的关系,并对不同土壤动物的营养等级进行划分。研究旨在探索应用 $^{15}N$ 稳定同位素技术划分土壤动物的营养等级,为推动土壤动物功能研究进一步发展,深入分析土壤动物的食物链关系和食物网结构及营养元素迁移转化奠定一定的基础。

## 2.1　$\delta^{15}N$ 测定结果

　　利用同位素质谱仪对 3 处防护林样地的土壤、细根、枯落叶及 12 种土壤动物进行了氮稳定同位素测定,将其与标准值相比较得出 $\delta^{15}N$ 结果,见图 4-8。从图 4-8 中可以看出,不论是在哪个样地,土壤动物 $\delta^{15}N$ 值的跨度范围均较大,低平原区土壤动物 $\delta^{15}N$ 值范围在 2.00‰~6.40‰, $\delta^{15}N$ 值最小的是大蚊幼虫(Tipulidae larvae),最大的为线蚓科(Enchytraeidae);台地区土壤动物 $\delta^{15}N$ 范围在-0.50‰~4.10‰,最小值是正蚓科,最大值是蜘蛛目;低山丘陵区土壤动物 $\delta^{15}N$ 范围在 4.20‰~9.96‰,最小值为大蚊幼虫(Tipulidae larvae),最大值为隐翅甲科成虫,不同土壤动物 $\delta^{15}N$ 值在 3 个样地变化趋势有一定的差异,但整体上表现出一定的相似性。叩甲科(Elateridae)幼虫及成虫、线蚓科、蜈蚣目、隐翅甲科成虫等动物的 $\delta^{15}N$ 值较高,而大蚊幼虫、金龟甲科幼虫等 $\delta^{15}N$ 值较低,这是由于这些类群的土壤动物在土壤生态系统中具有不同的食性特征,处于不同的营养级位置。3 个样地中,土壤动物的 $\delta^{15}N$ 平均值相差较大,低平原区土壤动物 $\delta^{15}N$ 的平均值为5.34‰,台地区土壤动物 $\delta^{15}N$ 的平均值为 1.88‰,低山丘陵区土壤动物 $\delta^{15}N$ 的平均值为8.45‰,平均值相差最大达 6.57‰。

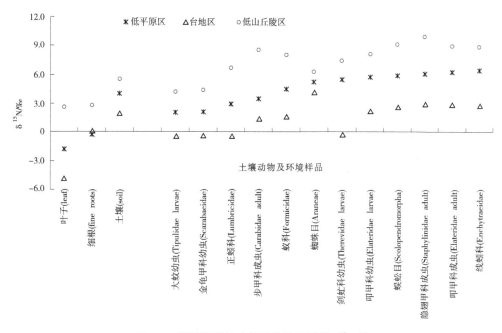

图 4-8 不同取样地土壤动物及环境的 $\delta^{15}N$ 值

对 3 个样地的土壤、叶子和细根的 $\delta^{15}N$ 值进行分析,发现在 3 个样地中土壤的 $\delta^{15}N$ 值均高出叶子和细根的值, $\delta^{15}N$ 值大小变化顺序表现为叶子<细根<土壤,这与对瑞士森林生态系统的研究结果一致。

## 2.2 全氮测定结果

对不同样地的土壤动物和环境中全氮进行测定,结果见图4-9,从图中可以看出,土壤动物在不同样地间全氮值差异不明显($F=0.190,P=0.828$),土壤、叶子和细根的全氮值也有相同的表现,对 3 个样地的全氮值进行相关性分析显示,低平原区与台地区之间相关系数 $r=0.920(P<0.01)$,与低山丘陵区的相关系数为 $r=0.963(P<0.01)$,台地区与低

山丘陵区的相关系数 $r=0.974$（$P<0.01$），说明全氮含量在不同样地之间呈现明显的正相关性。

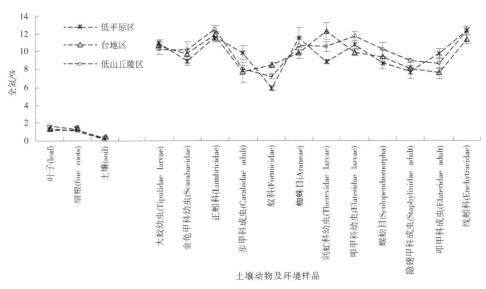

图 4-9　不同取样地土壤动物及环境的全氮值

## 2.3　土壤动物 $\delta^{15}N$ 与其他因素关系分析

分别对 3 个样地的土壤动物 $\delta^{15}N$ 值与土壤、叶子及细根 $\delta^{15}N$ 值进行相关分析，结果显示，不论是哪种土壤动物，其 $\delta^{15}N$ 值与土壤、叶子及细根之间都具有明显的相关性，相关系数 $R$ 值均在 0.6 以上（$P<0.05$ 或 $P<0.01$）；对不同样地中土壤动物 $\delta^{15}N$ 值进行差异分析显示，不同样地之间土壤动物 $\delta^{15}N$ 值差异显著（$F=38.067$，$P<0.001$），这说明样地环境的 $\delta^{15}N$ 值对土壤动物 $\delta^{15}N$ 具有一定的影响。

对不同样地的土壤动物和环境中 $\delta^{15}N$ 值与它们相应的全氮值进行相关性分析，结果显示低平原区 $\delta^{15}N$ 值与全氮值的相关系数 $r=0.571$（$P=0.026$），台地区和低山丘陵区 $\delta^{15}N$ 值与全氮值的相关系数分别为 0.295（$P=0.285$）和 0.404（$P=0.135$），这说明分析样品中 $\delta^{15}N$ 值与其全氮含量无明显的相关性，这与 Chahartaghi M. 等对德国黑森州和下萨克森州的三处不同山毛榉（栎–山毛榉）样地中跳虫的 $\delta^{15}N$ 和全氮关系的分析结果相同。

对 3 个样地的土壤动物 $\delta^{15}N$ 值进行相关性分析显示，低平原区和低山丘陵区及台地区之间相关性明显，相关系数分别为 $r=0.819$（$P=0.001$）和 $r=0.771$（$P=0.003$），低山丘陵区和低平原区之间的相关系数 $r=0.466$（$P=0.127$）。由此可以说明，虽然土壤动物 $\delta^{15}N$ 值在不同样地之间差异较大，但它们之间的联系在不同样地中具有一些相同的表现，不同样地土壤动物相关系数较高，这使得通过分析不同土壤动物类群 $\delta^{15}N$ 值来确定其营养级成为可能。

## 2.4　土壤动物营养结构分析

本次研究对 12 类大型土壤动物的 $\delta^{15}N$ 值进行分析，它们的营养关系有直接联系，更多情况是间接的联系。基于此,仅对它们进行营养级的划分而未进行食物网关系的确定。采用下述研究方法对 12 种大型土壤动物的营养级进行划分,结果见图 4-10。

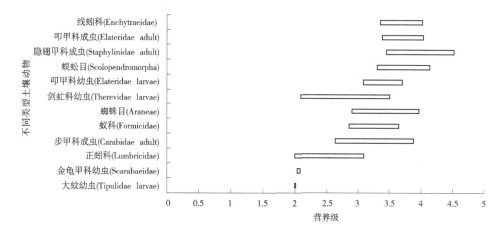

**图 4-10  不同类型土壤动物营养级**

对图 4-10 中分析可以看出,参与试验的 12 类大型土壤动物营养级差异较大,大多数类群是处于第 2~4 营养级,也有超过第 4 营养级的,其中处于较低营养级的类群主要有大蚊幼虫、金龟甲科幼虫、蚯蚓等,处于较高营养级的动物主要有蜈蚣目、隐翅甲科成虫、叩甲科成虫、线蚓科等类群。同一类动物在不同样地营养级划分上有一定的差异,有的甚至相差 1 个以上的营养级,原因是每类土壤动物在不同样地存在取食方面的差异性,此外,分类不够细化也是导致其营养级差异较大的原因。

## 2.5  讨  论

同一类群的不同物种在食性方面可能有很大的差别,导致它们之间 $\delta^{15}N$ 值也可能存在很大的差别,因此在运用 $\delta^{15}N$ 分析土壤动物营养级的研究中一般对于生物分类要求较高,一般要求划分到种的分类水平。很多同属于一个类群的动物在食性方面具有很大的相似性,因此通过氮稳定同位素分析方法能够大致确定不同类群土壤动物的营养级位置,要想准确地分析生物之间的营养关系,对生物分类方面就有着较严格的要求。本次研究通过对几类大型土壤动物及其生存环境的土壤、细根和叶子的 $\delta^{15}N$ 及全氮含量进行分析,能够对几类土壤动物的营养级位置初步确定,并对影响土壤动物 $\delta^{15}N$ 的因素进行分析。

影响土壤有机氮同位素组成的因素包括早期成岩作用和其他环境因子以及有机氮的来源、外源有机氮的输入等方面,土壤动物生存地 $\delta^{15}N$ 值直接影响其食物的 $\delta^{15}N$ 值的大小,这导致不同样地土壤动物 $\delta^{15}N$ 值差异较大,对 3 个研究地的土壤动物 $\delta^{15}N$ 分析显示,其差异明显($F=38.067,P<0.001$),土壤动物 $\delta^{15}N$ 值与土壤、植物细根和叶子之间具有明显的相关性;土壤动物体内的全氮含量与 $\delta^{15}N$ 值没有明显的相关性,这一点在本次研究中也得到了证实。3 个样地的土壤动物 $\delta^{15}N$ 值具有明显的相关性,这为通过分析不

同土壤动物类群 $\delta^{15}N$ 值来确定其营养级提供了可能条件。土壤是自然界中物种丰富度最高的生态系统之一,因其生物种类和数量多、个体小等,导致到目前为止,人们对于土壤生态系统中生物之间关系的研究一直处于模糊状态,这严重阻碍了土壤生态系统功能研究的进展。随着现代先进技术手段在生态学中的应用,尤其是稳定同位素技术的应用,使得探索土壤生物之间的功能关系有了可能。土壤生态系统作为地下生态系统,其动物的营养来源与地表生态系统有明显的差异。在地表陆地上,第一营养级主要是植物,在水生生态系统中,第一营养级主要是浮游生物,但在土壤生态系统中,第一营养级可能是新鲜的植物,可能是腐败的枯落叶,也可能是真菌等微生物,而且在自然界中,一种生物的食物源往往有多种类型,同一土壤动物在不同时空条件下可能有着不同的取食对象,有时不同的土壤动物还会取食相同的食物,这使得土壤动物食物网结构非常复杂。根据 $\delta^{15}N$ 值在食物链传递过程中具有富集效应的理论能够划分土壤动物的营养级,但不同类群生物对 $\delta^{15}N$ 富集程度差异较大,软体动物富集量为 1.2‰,甲壳类动物富集量约为 2.0‰,昆虫富集量约为 2.7‰,而脊椎动物富集量为 2.4‰~3.0‰,捕食性土壤动物、植食性土壤动物和杂食性土壤动物的 $\delta^{15}N$ 富集量差异不大,分别为 2.69‰、2.98‰ 和 2.56‰,而腐食性土壤动物的富集量明显偏低(0.53‰),即便是同一种类群,在不同的研究区域也存在一定差异性,如同样对跳虫的富集量研究存在很大的差异,Ruess L. 等研究的富集量为 -2.0‰~3.5‰,而 Haubert D. 等研究的富集量为 2.4‰~6.3‰。本书以大蚊幼虫作为初级消费者,结合前人对 $\delta^{15}N$ 富集的研究及本试验结果,选择 2.3‰ 作为土壤动物 $\delta^{15}N$ 富集量,比大蚊幼虫与枯落叶和细根之间的 $\delta^{15}N$ 差值稍大,这使土壤动物营养级的位置可能偏低。

稳定同位素技术的发展为生态学者进一步深入研究生态系统特征与过程提供了条件,但应用 $\delta^{15}N$ 分析土壤动物营养关系方面的研究还有很多问题需要探讨,仅依靠 $\delta^{15}N$ 很难准确地分析出不同生物之间的营养关系,很多研究将 $\delta^{15}N$ 与 $\delta^{13}C$ 结合进行生物营养关系的研究,由于自然条件下生态系统食物网关系的复杂性,仅依靠碳、氮稳定同位素分析很难完成对食物网结构的全面认识,多种同位素协同分析(如 $\delta^{13}C$、$\delta^{15}N$、$\delta^{34}S$、$\delta D$ 等)可能会更有助于认清生态系统的食物网关系,但这方面的研究还处于探索阶段。本次研究应用 $^{15}N$ 稳定同位素技术分析不同类型土壤动物营养级及 $\delta^{15}N$ 的影响因素,是同位素技术在土壤动物营养关系研究方面应用的初步探讨,因所获取的土壤动物种类有限,只涉及部分大型土壤动物而没有包括中型及小型类群,分类研究工作进行的也不够深入,土壤动物的食物源只分析了土壤、细根和叶子,其他可能的食物源(如细菌、真菌、藻类等)没有进行分析,这些因素导致本次研究未能对土壤动物的食物网关系进行分析。将 $\delta^{15}N$ 和其他类型稳定同位素结合将会更有助于深入研究生态系统中不同生物之间的营养关系。

# 第 3 节　本章小结

不同地形部位防护林土壤动物群落有一定的差异性,大型土壤动物的个体数和类群数表现为低山丘陵区>低平原区>台地区。中小型土壤动物的个体数和类群数均表现为低山丘陵区>台地区>低平原区。不论是大型土壤动物还是中小型土壤动物,多数调查都显示其个体数和类群数表现出林内及林缘大于田内和田缘,这与林地的土壤状况优于农田有关,防护林生态系统中的林地是自然生态系统,人为扰动较小,生物丰富且数量多;林缘和田缘是生态交错带,代表两个相邻群落(林地和农田)间的过渡区域,使两种群落成分处在一种激烈的竞争动态平衡中,认为这是两个相邻群落间的生态应力带。随着距防护林距离的增加,即自林内到田内土壤动物个体数量减少,但生物量出现显著的边缘效应,林缘>林内>田缘>田内。应用$^{15}N$稳定同位素对大型土壤动物营养结构分析显示,不同动物类群 $\delta^{15}N$ 值差异较大,土壤动物 $\delta^{15}N$ 值与环境 $\delta^{15}N$ 值关系密切,与全氮含量相关性不明显,营养级划分结果显示,大多数类群处于第 2~4 营养级,同类动物在不同样地营养级具有一定的差异性。

# 第 5 章　土壤动物群落结构对化肥
# 处理的响应

自 1843 年人类开始生产化肥以来,化肥的使用已经有 180 年的历史,化肥的使用对养活地球上日益增加的人口起到了决定性的作用,同时给生态环境和人类身体健康造成了一定的威胁。长期大量施用单一的化学肥料,如尿素、氯化铵等会导致土壤 pH 降低,使土壤酸化,破坏土壤团粒结构,使土壤退化,土地生产力下降。此外,过量施加化肥还会造成重金属对土壤的污染;产生大气、水体的环境质量等问题;过量施加氮肥还会导致蔬菜中硝酸盐含量超标,直接危害人体健康。

我国化肥的施用量在逐年上升,据有关资料统计,我国化肥施用总量从 1949 年的 0.6 万 t(纯养分)增加到 2008 年的 5 107.8 万 t,2001—2008 年化肥施用量总计增加 1 238.5 万 t(折纯),年均增速达 6.5%,近几年我国化肥的施用量平均每年增长约 7.5%,其中氮肥年均增长 4.8%,磷肥和钾肥的增长速率大于氮肥。从化肥的消费使用情况来看,我国化肥的消费总量和单位面积施用量都已经达到世界前列,化肥施用量的增加,特别是接近或超过现有土壤环境的最大容量和作物最高产量的化肥施用量,不仅造成资源的浪费,而且是产生生态环境问题的重要原因。

土壤动物作为土壤生态系统中重要的生物活性成分,对土壤环境的变化具有比较敏感的反应,化肥施用会导致土壤动物群落结构发生变化,甚至导致一些敏感种类消失,这方面的研究已经引起很多土壤动物研究者的重视,但大多数研究都是针对不同化肥的复合影响作用,对于单一化肥不同浓度对土壤动物的影响研究还很少见。

## 第 1 节　农田大型土壤动物群落结构对化肥处理的响应

### 1.1　大型土壤动物种类和数量对化肥处理的响应

在对农田及防护林下设置的 18 个 N、P、K 肥不同处理浓度样地及 2 个空白对照样地土壤动物的 3 次调查过程中,共获得大型土壤动物 7 219 头,隶属环节动物门和节肢动物门 2 门、5 纲 11 目,共 46 个类群,其中农田样地中获得 29 类 887 头,防护林样地获得 41 类 6 332 头(见表 5-1 和表 5-2)。

表 5-1　不同化肥处理条件下农田样地大型土壤动物种类和数量　　　　　单位:头

| 序号 | 动物名称 | N1 | N2 | N3 | P1 | P2 | P3 | K1 | K2 | K3 | CK | 合计 | 占总个体数的百分比/% |
|---|---|---|---|---|---|---|---|---|---|---|---|---|---|
| 1 | 蚁科(Formicidae) | 13 | 17 | 40 | 46 | 73 | 33 | 13 | 140 | 53 | 33 | 461 | 51.97 |
| 2 | 线蚓科(Enchytraeidae) | 3 | 5 | 7 | 5 | 11 | 19 | 14 | 3 | 14 | 13 | 94 | 10.60 |
| 3 | 隐翅甲科(Staphylinidae) | 6 | 7 | 8 | 2 | 1 | 12 | 4 | 11 | 3 | 5 | 59 | 6.65 |
| 4 | 地蜈蚣目(Geophilomorpha) | 6 | 7 | 5 | 5 | 2 | 16 | 4 | 5 | 2 | 4 | 56 | 6.31 |
| 5 | 虎甲科(Cicindelidae) | 1 | 3 | 5 | 7 |  | 13 | 0 | 12 | 3 | 2 | 47 | 5.30 |
| 6 | 葬甲科(Silphidae) | 1 | 5 | 5 | 4 |  | 11 | 2 | 4 | 5 | 3 | 40 | 4.51 |
| 7 | 蜘蛛(Araneida) | 1 | 2 |  |  | 2 | 2 | 2 | 4 | 1 | 4 | 18 | 2.03 |
| 8 | 蝙蝠蛾科(Hepialidae) |  |  | 2 | 1 |  | 2 | 1 | 1 | 4 | 4 | 15 | 1.69 |
| 9 | 金龟甲科(Scarabaeidae) | 1 | 1 | 1 | 1 | 2 | 2 |  |  | 4 | 2 | 14 | 1.58 |
| 10 | 步甲科(Carabidae) |  | 1 | 1 |  |  |  |  |  | 2 | 7 | 11 | 1.24 |
| 11 | 蚁甲科(Pselaphidae) |  | 1 | 1 |  | 2 |  | 3 | 1 | 2 |  | 10 | 1.13 |
| 12 | 瓢甲科(Coccinellidae) |  |  |  |  | 4 |  | 5 |  |  |  | 9 | 1.02 |
| 13 | 蚱总科(Tetrigoidea) |  |  |  |  | 3 | 1 |  |  | 2 |  | 6 | 0.68 |
| 14 | 鹬虻科(Rhagionidae) |  | 1 |  |  |  | 4 |  |  |  |  | 5 | 0.56 |
| 15 | 蚤蝇科(Phoridae) | 2 |  |  |  | 2 |  | 1 |  |  |  | 5 | 0.56 |
| 16 | 石蜈蚣目(Lithobiomorpha) | 1 |  |  | 1 |  | 1 |  | 2 |  |  | 5 | 0.56 |
| 17 | 叩甲科(Elateridae) |  | 1 |  |  | 1 | 1 | 1 |  |  |  | 4 | 0.45 |
| 18 | 舞虻科(Empididae) | 1 |  | 1 | 1 |  | 1 |  |  |  |  | 4 | 0.45 |
| 19 | 长足虻科(Dolichopodadae) |  | 1 |  |  | 1 |  |  | 1 | 1 |  | 4 | 0.45 |
| 20 | 食虫虻科(Asilidae) |  |  |  |  |  |  |  | 2 |  | 2 | 4 | 0.45 |
| 21 | 芫菁科(Meloidae) |  |  |  |  |  |  |  | 1 | 1 | 1 | 3 | 0.34 |
| 22 | 土蝽科(Cydnidae) |  |  |  |  |  |  |  | 2 | 1 |  | 3 | 0.34 |
| 23 | 大蚊科(Tipulidae) | 1 | 1 |  |  |  |  |  |  |  |  | 2 | 0.23 |
| 24 | 蝼蛄科(Gryllotalpidae) |  |  |  |  |  |  |  |  |  | 2 | 2 | 0.23 |
| 25 | 圆蝽科(Hippotiscus) | 1 |  |  |  |  |  |  |  |  | 1 | 2 | 0.23 |
| 26 | 红萤科(Lycidae) |  |  |  |  | 1 |  |  |  |  |  | 1 | 0.11 |
| 27 | 粪金龟科(Geotrupidae) |  |  |  |  |  |  |  |  |  | 1 | 1 | 0.11 |
| 28 | 剑虻科(Therevidae) |  |  | 1 |  |  |  |  |  |  |  | 1 | 0.11 |
| 29 | 蚋科(Simuliidae) | 1 |  |  |  |  |  |  |  |  |  | 1 | 0.11 |
| | 总个体数 | 39 | 53 | 74 | 76 | 106 | 118 | 50 | 189 | 98 | 84 | 887 | |
| | 总类群数 | 14 | 14 | 10 | 12 | 14 | 14 | 12 | 14 | 15 | 15 | 29 | |

注:N1、N2、N3,P1、P2、P3,K1、K2、K3 分别为施氮肥、磷肥、钾肥浓度 250 kg/hm², 500 kg/hm², 1 000 kg/hm² 的样地,CK 为未施肥的空白对照样地,下同。

表 5-2　不同化肥处理条件下防护林样地大型土壤动物种类和数量　　　　单位:头

| 序号 | 动物名称 | N1 | N2 | N3 | P1 | P2 | P3 | K1 | K2 | K3 | CK | 合计 | 占总个体数的百分比/% |
|---|---|---|---|---|---|---|---|---|---|---|---|---|---|
| 1 | 线蚓科(Enchytraeidae) | 135 | 296 | 217 | 201 | 286 | 279 | 415 | 642 | 249 | 285 | 3 005 | 47.46 |
| 2 | 蚁科(Formicidae) | 412 | 385 | 168 | 281 | 251 | 227 | 237 | 220 | 202 | 130 | 2 513 | 39.69 |
| 3 | 步甲科(Carabidae) | 3 | 51 | 10 | 6 | 12 | 7 | 8 | 62 | 21 | 6 | 186 | 2.93 |
| 4 | 金龟甲科(Scarabaeidae) | 20 | 14 | 31 | 24 | 9 | 23 | 6 | 14 | 17 | 18 | 176 | 2.78 |
| 5 | 隐翅甲科(Staphylinidae) | 6 | 13 | 1 | 13 | 10 | 21 | 10 | 28 | 18 | 2 | 122 | 1.92 |
| 6 | 蜘蛛目(Araneida) | 3 | 3 | 4 | 4 | 3 | 5 |  | 11 | 5 | 4 | 7 | 49 | 0.77 |
| 7 | 花萤科(Cantharidae) | 2 | 3 | 6 | 3 | 11 |  |  | 9 | 1 | 13 | 48 | 0.75 |
| 8 | 虎甲科(Cicindelidae) | 1 | 9 | 1 |  | 2 | 2 | 5 | 7 |  | 2 | 29 | 0.45 |
| 9 | 石蜈蚣目(Lithobiomorpha) | 2 | 1 | 3 | 2 | 3 |  | 4 | 8 | 3 | 3 | 29 | 0.45 |
| 10 | 叩甲科(Elateridae) |  | 2 | 2 |  | 2 | 1 | 5 | 5 |  | 3 | 24 | 0.38 |
| 11 | 地蜈蚣目(Geophilomorpha) |  | 1 |  | 2 | 3 | 3 | 2 | 3 | 2 | 2 | 18 | 0.28 |
| 12 | 剑虻科(Therevidae) |  |  | 2 | 2 | 1 | 1 |  | 4 | 1 | 2 | 13 | 0.21 |
| 13 | 葬甲科(Silphidae) |  | 5 | 2 |  | 3 | 3 |  |  |  |  | 13 | 0.21 |
| 14 | 食虫虻科(Asilidae) | 1 | 4 | 2 |  | 1 | 1 |  | 1 |  | 2 | 13 | 0.21 |
| 15 | 红萤科(Lycidae) |  | 3 | 1 |  |  | 1 | 1 |  | 6 |  | 12 | 0.19 |
| 16 | 蚱总科(Tetrigoidea) | 1 | 2 |  | 2 |  | 1 | 1 | 1 |  | 2 | 10 | 0.16 |
| 17 | 椿象若虫(Hemiptera) |  |  |  |  | 5 |  |  | 2 | 2 |  | 9 | 0.14 |
| 18 | 长足虻科(Dolichopodadae) | 1 | 1 |  |  | 1 | 1 |  | 3 |  |  | 7 | 0.11 |
| 19 | 蝙蝠蛾科(Hepialidae) |  |  |  |  | 2 |  |  |  | 2 | 1 | 6 | 0.09 |
| 20 | 拟步甲科(Tenebrionidae) |  |  |  |  |  | 1 |  | 3 | 1 |  | 5 | 0.08 |
| 21 | 瓢甲科(Coccinellidae) | 1 | 1 |  | 1 |  |  |  | 1 | 1 |  | 5 | 0.08 |
| 22 | 舟蛾科(Notodontidae) |  |  | 1 |  |  |  |  | 2 |  | 2 | 5 | 0.08 |
| 23 | 隐食甲科(Cryptophagidae) |  | 2 | 1 |  |  |  |  |  |  | 1 | 4 | 0.06 |
| 24 | 出尾蕈甲科(Scaphidiidae) | 1 | 1 |  |  |  | 2 |  |  |  |  | 4 | 0.06 |
| 25 | 大蚊科(Tipulidae) |  | 2 |  |  |  | 2 |  |  |  |  | 4 | 0.06 |
| 26 | 扁股花甲科(Euciretidae) |  | 1 |  |  | 1 |  |  | 1 |  |  | 3 | 0.05 |
| 27 | 郭公虫科(Cleridae) |  |  | 1 |  | 1 |  |  |  |  |  | 2 | 0.03 |
| 28 | 龙虱科(Dytiscidae) |  |  |  |  |  | 1 |  |  | 1 |  | 2 | 0.03 |

| 序号 | 动物名称 | N1 | N2 | N3 | P1 | P2 | P3 | K1 | K2 | K3 | CK | 合计 | 占总个体数的百分比/% |
|---|---|---|---|---|---|---|---|---|---|---|---|---|---|
| 29 | 舞虻科(Empididae) | | | | | | | | | 2 | | 2 | 0.03 |
| 30 | 蚤蝇科(PHoridae) | | | | 1 | | | | 1 | | | 2 | 0.03 |
| 31 | 蜚蠊目(Blattoptera) | | | | | | | | 2 | | | 2 | 0.03 |
| 32 | 锹甲科(Lucanidae) | | | | | | | 1 | | | | 1 | 0.02 |
| 33 | 粪金龟科(Geotrupidae) | | | | 1 | | | | | | | 1 | 0.02 |
| 34 | 象甲科(Curculicnidae) | | | | | 1 | | | | | | 1 | 0.02 |
| 35 | 鹬虻科(Rhagionidae) | | | | | | | | 1 | | | 1 | 0.02 |
| 36 | 冬大蚊科(Trichoceridae) | | | | | | | | | 1 | | 1 | 0.02 |
| 37 | 尖尾蝇科(Muscidae) | | | | | | | | | 1 | | 1 | 0.02 |
| 38 | 刺蛾科(Eucleidae) | | | | | | | | | | 1 | 1 | 0.02 |
| 39 | 粉蝶科(Pieridae) | | | | | 1 | | | | | | 1 | 0.02 |
| 40 | 土蝽科(Cydnidae) | | | | | 1 | | | | | | 1 | 0.02 |
| 41 | 花蝽科(Anthocoridae) | | | | | | | | 1 | | | 1 | 0.02 |
| | 总个体数 | 590 | 800 | 453 | 542 | 611 | 582 | 707 | 1 026 | 539 | 482 | 6 332 | |
| | 总类群数 | 15 | 21 | 17 | 13 | 23 | 19 | 14 | 24 | 20 | 18 | 41 | |

从表 5-1 和表 5-2 可以看出,大型土壤动物在农田样地和防护林样地中,优势类群均是蚁科和线蚓科,农田中蚂蚁个体数量最多,占总个体数量的 51.97%,其次是线蚓,占总数的 10.60%,而防护林样地中以线蚓数量最大,占总数的 47.46%,蚂蚁占个体数量的 39.69%;农田中常见类群包括隐翅甲科、地蜈蚣目等 10 个类群,占总个体数的 31.46%,而防护林中常见类群仅有步甲科、金龟甲科和隐翅甲科 3 个类群,占个体总数的 7.63%。

对不同化肥处理条件下大型土壤动物按目进行分类统计,结果见图 5-1。农田大型土壤动物包括膜翅目、鞘翅目等 10 个类群,防护林中大型土壤动物共包括近孔寡毛目、膜翅目等 11 个目的动物类群。各类群所占的比例在农田和防护林中差异较大,农田中占比例较大的类群是膜翅目、鞘翅目和近孔寡毛目,分别占总个体数量的 51.97%、22.44% 和 10.60%,其他类群占总个体数的 14.99%;防护林中占比例较大的类群有近孔寡毛目、膜翅目和鞘翅目,分别占总数量的 47.46%、39.69% 和 10.08%,其余 7 类大型土壤动物占总数量的 2.77%。

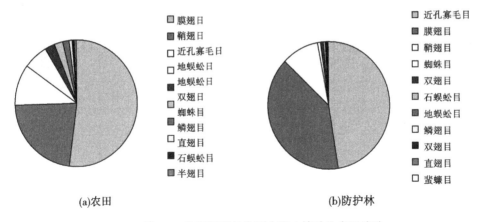

图 5-1　化肥处理条件下大型土壤动物类群统计

## 1.2　大型土壤动物群落水平结构对不同化肥处理的响应

对不同化肥处理的农田和防护林大型土壤动物个体数和类群数进行统计,结果见图 5-2。从图中可以看出,不论是个体数还是类群数,防护林均比农田样地高出很多,这与防护林内具有较多的枯枝落叶有关。农田大型土壤动物个体数量在 N 肥、P 肥、K 肥不同浓度处理条件下分别表现为 N1<N2<N3<CK,P1<CK<P2<P3,K1<CK<K3<K2;土壤动物的类群数量表现为 N3<N2 = N1<CK,P1<P2<P3<CK,K1<K2<K3<CK。对防护林大型土壤动物个体数和类群数特征分析,结果显示,个体数表现为 N3<CK<N1<N2,CK<P1<P3<P2,CK<K3<K1<K2;大型土壤动物类群数表现为 N1<N3 <CK<N2,P1<CK<P3<P2,K1<CK<K3<K2。大型土壤动物个体数和类群数在不同化肥影响下表现的特征有一定的区别,农田中表现出个体数量在化肥浓度较高的样地大,而防护林则表现出在中间浓度(500 kg/hm²)最高;农田中施加化肥样地的类群数均比空白对照样地少,而防护林中则表现出中等浓度化肥影响样地最高。这说明在基础环境条件不同的条件下施加化肥,其对土壤动物的影响会有区别。此外,农田和防护林中施肥方式存在一定的差异,这可能也是导致其存在差异的原因。从不同浓度化肥对大型土壤动物的影响仍然可以看出,土壤动物种类和数量并未表现出随浓度增高而降低的趋势,这可能是施加的浓度没有超过大型土壤动物承受阈值,此外采用固体颗粒施肥,肥力发挥比较缓慢也可能是导致这一现象的原因。

## 1.3　大型土壤动物群落垂直结构对不同化肥处理的响应

土壤动物在土层中的垂直分布一般具有表聚性特征,即随着土层深度的加深而递减,不同形式的干扰可以导致土壤动物垂直结构发生变化,不同类群的动物表聚性特征不同,通过对不同化肥处理样地大型土壤动物个体数和类群数的垂直分布进行分析,结果见图 5-3 和图 5-4。通过对个体数和类群数垂直分布图能够看出,大型土壤动物个体数量在

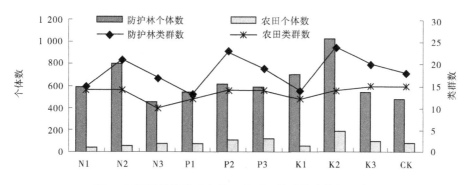

**图 5-2  不同化肥处理条件下大型土壤动物个体数和类群数**

农田系统中多表现出 0~5 cm 土层最高,具有一定的表聚性特征;防护林大型土壤动物个体数在 0~5 cm 土层最高,向上、向下均减少,这与大型土壤动物的生活环境有关。一般大型土壤动物生活在土层中,尤其是调查获得的优势种类线蚓,这使得枯枝落叶层动物数量较少。大型土壤动物的类群数在农田系统的多数样地中也表现出 0~5 cm 土层最大,如 N3、P3、K1、K2、K3 样地,表现出一定的表聚性特征,但也有样地表现出表层类群数最少,下层增多的现象,如 P1、P2 样地;防护林大型土壤动物类群数垂直分布除 P1 和 P2 样地外,均表现出在 0~5 cm 土层最高,向下逐渐减少的现象,这同个体数的垂直分布规律相同,说明大型土壤动物在土壤层的分布具有表聚性特征,化肥的施加并未明显改变土壤动物的垂直结构特征。

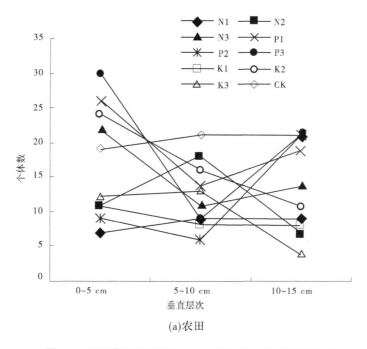

(a)农田

**图 5-3  不同化肥处理样地大型土壤动物个体数量垂直结构**

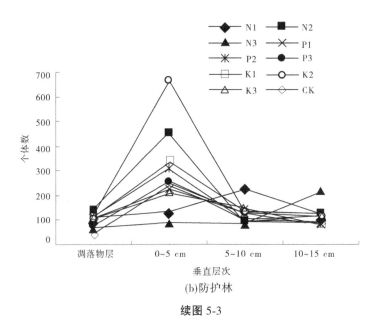

(b)防护林

续图 5-3

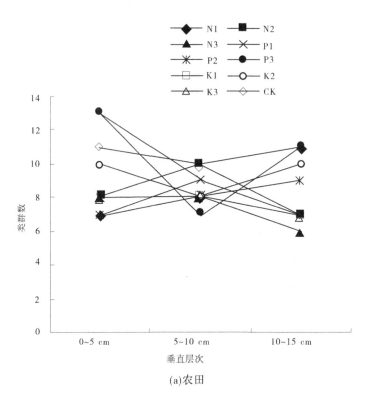

(a)农田

图 5-4　不同化肥处理样地大型土壤动物类群数垂直结构

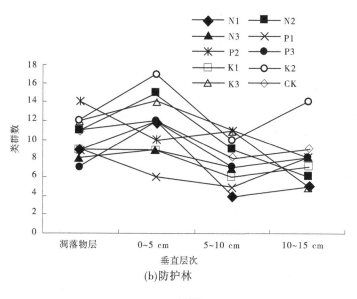

(b)防护林

续图 5-4

## 1.4　大型土壤动物群落特征指数对不同化肥处理的响应

根据第 2 章第 4 节部分公式对农田和防护林不同处理样地大型土壤动物的 Shannon-Wiener 多样性指数($H'$)、Pielou 均匀度指数($J$)、Simpson 优势度指数($S$)、Margalef 丰富度指数($M$)、DG 密度-类群指数(DG)及 DIC 多群落间比较指数(DIC)进行计算,结果见图 5-5 和图 5-6。对群落特征指数进行分析可以看出,群落特征指数在防护林和农田样地中差异较大,农田系统大型土壤动物群落在不同类型化肥的影响下群落特征指数不同,Shannon-Wiener 多样性指数和 Pielou 均匀度指数在 N2、P3 和 K1 样地高于同类其他浓度样地,且也高出对照样地,Simpson 优势度指数在 N3、P2 和 K2 最高,Margalef 丰富度指数在 N1、P2 和 K3 最高,DG 密度-类群指数和 DIC 指数在 N2、P3 和 K3 为最高值;防护林大型土壤动物群落在 N2、P2 和 K2 样地的 Margalef 丰富度指数、DG 密度-类群指数和 DIC 指数均高于同种处理的其他浓度和对照样地,Shannon-Wiener 多样性指数在 N2、P2 也最高,K3 样地高于 K1 和 K2,Pielou 均匀度指数在 N3、P1 和 K3 最高,Simpson 优势度指数在 N1、P1 和 K1 为最高。

## 1.5　大型土壤动物生物量对不同化肥处理的响应

不同个体大小的土壤动物在生态系统中具有不同的地位,个体大的动物比个体小的动物在物质循环转化过程中具有更大的意义,用生物量来反映环境特征比个体数和类群数更具有实际意义。对调查获得的大型土壤动物在鉴定之后用滤纸吸干表面水分,放在分析天平上进行生物量测定,对不同化肥处理样地大型土壤动物生物量进行统计,结果见图 5-7。从图中可以看出,不论是农田还是防护林,对照样地的生物量均大于受化肥处理的样地,这与对照样地没有受到化肥的影响有一定的关系。在受到不同类型化肥影响的

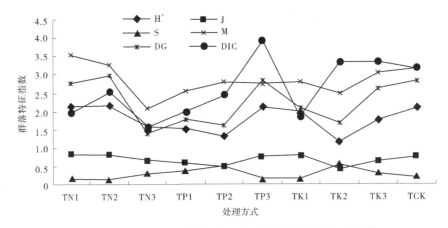

图 5-5　不同化肥处理条件下农田大型土壤动物群落特征指数

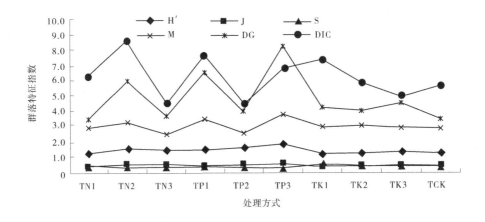

图 5-6　不同化肥处理条件下防护林大型土壤动物群落特征指数

样地中,农田系统中表现为中间浓度化肥施加样地生物量最大,即 N2>N3>N1,P2>P3>P1,K2>K3>K1,在防护林样地中 N 肥和 P 肥处理样地也是在中等浓度生物量最大,大小顺序为 N2>N1>N3,P2>P1>P3,在 K 肥处理样地表现出的变化顺序为 K3>K2>K1。

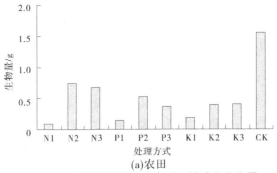

(a)农田

图 5-7　不同化肥处理样地大型土壤动物生物量

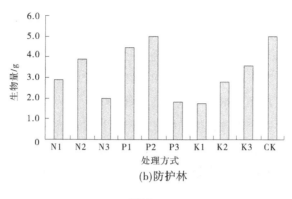

(b)防护林

续图 5-7

## 1.6　不同化肥处理条件下大型土壤动物群落结构时间变化

对农田和防护林中不同化肥处理条件下大型土壤动物在不同取样时间获得的个体数和类群数进行分析,结果见图 5-8 和图 5-9。

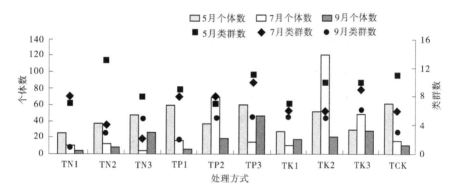

图 5-8　农田大型土壤动物不同月份个体数和类群数

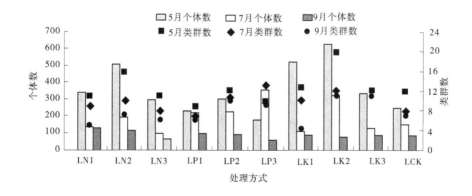

图 5-9　防护林大型土壤动物不同月份个体数和类群数

不论是农田还是防护林样地的大型土壤动物个体数和类群数在不同取样时间均表现出很大的差异性。农田大型土壤动物个体数量除 TP2、TK2、TK3 样地是 7 月值最大外,其他均为 5 月值最高;类群数除 TN1 和 TP2 为 7 月值最大外,其他样地均是 5 月类群数最多。对不同月份农田大型土壤动物个体数和类群数进行单因素方差分析显示其在不同月份差异显著($F = 2.657, P = 0.088; F = 16.605, P < 0.001$)。

防护林大型土壤动物个体数和类群数在不同取样时间表现出的规律也十分明显,除LP3 样地的个体数和类群数是 7 月最大外,其他样地均是 5 月最高、9 月最低,对不同月份间的个体数和类群数进行方差分析显示具有显著差异($F = 18.847, P < 0.001; F = 9.307, P = 0.001$)。

分析不同月份土壤动物个体数量和类群数量变化特征能够看出,取样时间是影响土壤动物个体数和类群数的重要因素,这与不同取样时间气候条件的差异有一定联系,温度高、降水多的季节,往往土壤动物个体数量比较丰富。分析结果显示,大型土壤动物个体数和类群数在多数样地表现为 5 月最高、9 月最低,不同时间对其个体数和类群数影响较大。

## 1.7　不同化肥处理条件下大型土壤动物群落相似性分析

采用第 2 章第 4 节中 Jaccard 指数计算公式对农田和防护林不同化肥处理条件下大型土壤动物群落之间相似性分别进行分析,结果见表 5-3。

分析群落间的相似性可以看出,相同利用方式样地大型土壤动物群落间相似性指数较高,不论是农田还是防护林样地,不同化肥处理样地间土壤动物群落相似性指数均在0.5 以上,表现出具有较高的相似性,农田不同处理样地间大型土壤动物群落相似性平均值为 0.663 2,防护林为 0.666 7;不同利用方式样地间大型土壤动物群落相似性指数较低,多数小于 0.5,表现为中等不相似,平均值为 0.368 9,说明利用方式的差异对大型土壤动物群落影响较大。

对农田和防护林中大型土壤动物在 N、P、K 三种化肥处理和空白样地处理方式间的相似性指数平均值进行分析,结果见表 5-4。从表中可以看出,相同利用方式样地大型土壤动物群落相似性指数明显高于不同利用方式间群落相似性指数,N 肥之间大型土壤动物群落相似性指数在农田和防护林均最大,在同种类型化肥处理的样地间,相似性指数平均值较高,这表明不同浓度相同类型化肥处理样地间群落相似性比不同类型化肥处理样地偏高,在农田和防护林之间,群落相似性指数在相同化肥处理样地间相似性指数不高。

表 5-3　不同化肥处理条件下大型土壤动物群落相似性指数

| 项目 | TN1 | TN2 | TN3 | TP1 | TP2 | TP3 | TK1 | TK2 | TK3 | TCK | LN1 | LN2 | LN3 | LP1 | LP2 | LP3 | LK1 | LK2 | LK3 | LCK |
|---|---|---|---|---|---|---|---|---|---|---|---|---|---|---|---|---|---|---|---|---|
| TN1 | 1 | | | | | | | | | | | | | | | | | | | |
| TN2 | 0.720 | 1 | | | | | | | | | | | | | | | | | | |
| TN3 | 0.762 | 0.750 | 1 | | | | | | | | | | | | | | | | | |
| TP1 | 0.783 | 0.615 | 0.727 | 1 | | | | | | | | | | | | | | | | |
| TP2 | 0.640 | 0.643 | 0.583 | 0.538 | 1 | | | | | | | | | | | | | | | |
| TP3 | 0.800 | 0.714 | 0.667 | 0.846 | 0.643 | 1 | | | | | | | | | | | | | | |
| TK1 | 0.636 | 0.640 | 0.571 | 0.609 | 0.720 | 0.640 | 1 | | | | | | | | | | | | | |
| TK2 | 0.640 | 0.643 | 0.583 | 0.615 | 0.643 | 0.643 | 0.640 | 1 | | | | | | | | | | | | |
| TK3 | 0.615 | 0.759 | 0.720 | 0.593 | 0.759 | 0.689 | 0.615 | 0.759 | 1 | | | | | | | | | | | |
| TCK | 0.692 | 0.621 | 0.640 | 0.593 | 0.552 | 0.621 | 0.538 | 0.689 | 0.733 | 1 | | | | | | | | | | |
| LN1 | 0.318 | 0.381 | 0.389 | 0.421 | 0.526 | 0.450 | 0.368 | 0.450 | 0.500 | 0.429 | 1 | | | | | | | | | |
| LN2 | 0.400 | 0.522 | 0.348 | 0.375 | 0.400 | 0.400 | 0.333 | 0.400 | 0.440 | 0.385 | 0.778 | 1 | | | | | | | | |
| LN3 | 0.292 | 0.346 | 0.350 | 0.381 | 0.240 | 0.348 | 0.273 | 0.320 | 0.391 | 0.391 | 0.625 | 0.737 | 1 | | | | | | | |
| LP1 | 0.350 | 0.350 | 0.353 | 0.389 | 0.350 | 0.295 | 0.263 | 0.500 | 0.400 | 0.400 | 0.714 | 0.647 | 0.600 | 1 | | | | | | |
| LP2 | 0.370 | 0.423 | 0.320 | 0.458 | 0.370 | 0.370 | 0.308 | 0.423 | 0.407 | 0.310 | 0.686 | 0.732 | 0.595 | 0.727 | 1 | | | | | |
| LP3 | 0.375 | 0.571 | 0.381 | 0.348 | 0.400 | 0.375 | 0.304 | 0.434 | 0.417 | 0.308 | 0.647 | 0.800 | 0.667 | 0.563 | 0.564 | 1 | | | | |
| LK1 | 0.400 | 0.474 | 0.412 | 0.444 | 0.333 | 0.400 | 0.389 | 0.473 | 0.381 | 0.318 | 0.759 | 0.743 | 0.645 | 0.741 | 0.588 | 0.667 | 1 | | | |
| LK2 | 0.310 | 0.357 | 0.259 | 0.241 | 0.357 | 0.310 | 0.563 | 0.407 | 0.345 | 0.300 | 0.897 | 0.711 | 0.634 | 0.649 | 0.667 | 0.512 | 0.632 | 1 | | |
| LK3 | 0.214 | 0.308 | 0.304 | 0.391 | 0.308 | 0.360 | 0.292 | 0.360 | 0.346 | 0.296 | 0.571 | 0.585 | 0.649 | 0.606 | 0.500 | 0.667 | 0.588 | 0.636 | 1 | |
| LCK | 0.280 | 0.280 | 0.272 | 0.364 | 0.331 | 0.360 | 0.318 | 0.454 | 0.375 | 0.320 | 0.727 | 0.718 | 0.800 | 0.709 | 0.579 | 0.649 | 0.688 | 0.714 | 0.684 | 1 |

注：TN1、TN2、TN3、TP1、TP2、TP3、TK1、TK2、TK3 分别为农田施不同浓度氮、磷、钾肥样地，TCK 为农田空白对照样地；LN1、LN2、LN3、LP1、LP2、LP3、LK1、LK2、LK3 分别为防护林施不同浓度氮、磷、钾肥样地，LCK 为防护林对照样地。

表 5-4　不同类型化肥处理样地大型土壤动物群落相似性指数平均值

| 化肥类型 | 农田 | 防护林 | 农田-防护林 |
|---|---|---|---|
| N-N | 0.744 | 0.713 | 0.372 |
| N-P | 0.686 | 0.676 | 0.448 |
| N-K | 0.645 | 0.688 | 0.362 |
| P-P | 0.676 | 0.618 | 0.373 |
| P-K | 0.657 | 0.622 | 0.360 |
| K-K | 0.671 | 0.619 | 0.395 |
| CK-其他 | 0.631 | 0.696 | 0.342 |

## 1.8　土壤环境与大型土壤动物之间关系分析

土壤是土壤动物赖以生存的环境,土壤动物对环境的变化具有较为敏感的反应,其种类、数量和生物量与土壤基本理化性质有着密切的关系,前人研究表明,土壤含水量、pH、土壤养分等因素的差异均会导致土壤动物种类、数量发生变化。本次研究通过对不同化肥处理条件下土壤含水量、pH、有机质含量、全氮、全磷、全钾等化学性质的测定,分析其与大型土壤动物种类、数量和生物量之间的关系,结果见表 5-5。

表 5-5　不同化肥处理条件下大型土壤动物与环境因子的相关系数

| 样地类型 | 月份 | 项目 | 含水量 | pH | 有机质 | 全氮 | 全磷 | 全钾 |
|---|---|---|---|---|---|---|---|---|
| 农田 | 5 月 | 个体数 | 0.547 | -0.102 | -0.360 | -0.553 | 0.150 | -0.125 |
| | | 类群数 | 0.105 | -0.314 | -0.380 | -0.186 | -0.313 | 0.232 |
| | | 生物量 | 0.483 | -0.233 | -0.872** | -0.187 | -0.478 | 0.218 |
| | 7 月 | 个体数 | 0.676* | 0.323 | 0.585 | -0.250 | 0.304 | 0.111 |
| | | 类群数 | 0.186 | 0.717* | 0.098 | -0.01 | 0.670* | 0.546 |
| | | 生物量 | 0.565 | 0.486 | 0.097 | -0.558 | 0.558 | 0.023 |
| | 9 月 | 个体数 | 0.685* | 0.472 | 0.319 | 0.440 | 0.532 | -0.092 |
| | | 类群数 | 0.258 | 0.307 | 0.441 | 0.523 | 0.579 | 0.170 |
| | | 生物量 | 0.364 | -0.458 | 0.105 | 0.054 | 0.103 | -0.142 |

**续表 5-5**

| 样地<br>类型 | 月份 | 项目 | 含水量 | pH | 有机质 | 全氮 | 全磷 | 全钾 |
|---|---|---|---|---|---|---|---|---|
| 防护林 | 5 月 | 个体数 | 0.739** | 0.621* | 0.626* | 0.235 | −0.025 | 0.156 |
| | | 类群数 | 0.472 | 0.606 | 0.362 | 0.368 | 0.001 | 0.073 |
| | | 生物量 | 0.427 | −0.018 | −0.306 | −0.414 | 0.020 | 0.096 |
| | 7 月 | 个体数 | 0.574 | 0.018 | 0.032 | 0.419 | 0.561 | 0.279 |
| | | 类群数 | 0.425 | 0.299 | 0.315 | 0.574 | 0.329 | 0.347 |
| | | 生物量 | 0.381 | −0.200 | −0.462 | −0.292 | 0.753* | 0.130 |
| | 9 月 | 个体数 | 0.572 | 0.269 | −0.144 | 0.305 | 0.816** | −0.316 |
| | | 类群数 | 0.248 | 0.320 | −0.279 | 0.578 | 0.463 | 0.631 |
| | | 生物量 | 0.482 | −0.180 | −0.435 | −0.194 | −0.468 | 0.005 |

**注：** * 为双尾检验在 0.05 水平上显著相关；** 为双尾检验在 0.01 水平上显著相关。

农田系统土壤动物与不同环境因子之间的相关性在不同月份具有一定的差异，5 月只有大型土壤动物生物量与土壤有机质含量表现出显著负相关（$r = -0.872, P < 0.01$）；其他土壤动物因子与土壤环境间相关性不显著；7 月结果显示，大型土壤动物个体数与土壤含水量具有显著正相关（$r = 0.676, P < 0.05$）；类群数与 pH 间具有显著正相关（$r = 0.717, P < 0.05$），与全磷含量之间相关性明显（$r = 0.670, P < 0.05$）；其他相关性不明显。9 月大型土壤动物个体数与土壤含水量相关性明显（$r = 0.685, P < 0.05$）；其他土壤动物因子与土壤环境之间的相关性不明显。

防护林土壤动物与环境因子之间的关系与农田表现出几乎类似的现象，即除少数个别大型土壤动物因子与某种环境因子之间具有显著相关性外，大多数土壤动物因子与环境之间相关性不高。5 月大型土壤动物个体数与土壤含水量、pH 和有机质间表现出显著相关性（$r = 0.739, P < 0.01; r = 0.621, P < 0.05; r = 0.626, P < 0.05$）；7 月大型土壤动物生物量与土壤全磷间相关性明显（$r = 0.753, P < 0.05$），其他相关性均不显著；9 月大型土壤动物个体数与全磷含量间显著相关（$r = 0.816, P < 0.01$），其他相关性不明显。

## 1.9　大型土壤动物与不同化肥处理方式的关系

为进一步探讨不同化肥处理及土地利用方式对土壤动物的影响，对农田和防护林的不同化肥处理样地大型土壤动物按目进行统计，在不同化肥处理方式、不同土地利用类型及不同土壤动物类群之间进行多因素方差分析，分析结果见表 5-6。

表 5-6　不同化肥处理条件下大型土壤动物多重比较

| 变异来源 | SS | df | MS | F | Sig. |
|---|---|---|---|---|---|
| 校正模型 | 428 761. 427 | 20 | 21 438. 071 | 15. 075 | 0 |
| 处理方式 | 3 893. 982 | 9 | 432. 665 | 0. 304 | 0. 973 |
| 用地类型 | 27 239. 564 | 1 | 27 239. 564 | 19. 155 | 0 |
| 动物类群 | 397 627. 882 | 10 | 39 762. 788 | 27. 961 | 0 |
| 误差 | 282 992. 555 | 199 | 1 422. 073 | | |
| 总和 | 792 778. 000 | 220 | | | |
| 校正总和 | 711 753. 982 | 219 | | | |

分析结果表明,不同土地利用类型、化肥处理方式及动物类群的综合作用对大型土壤动物的个体数量影响具有高度显著性(大型 $F = 15. 075$, $P < 0.001$)。三个因素对土壤动物数量的影响程度不同,大型土壤动物数量在不同用地类型和动物类群之间土壤动物差异显著($F = 19. 155$, $P < 0.001$; $F = 27. 961$, $P < 0.001$),在不同化肥处理方式下,大型土壤动物个体数量不具有显著差异性($F = 0. 304$, $P = 0. 973$)。

# 第 2 节　农田中小型土壤动物群落结构对化肥处理的响应

## 2.1　中小型土壤动物种类和数量对化肥处理的响应

在对农田及防护林下设置的 18 个 N、P、K 肥不同处理浓度样地及 2 个空白对照样地土壤动物的 3 次调查过程中,共获得中小型土壤动物 38 981 头,隶属环节动物门和节肢动物门 2 门、5 纲、16 目,共 60 个类群,其中农田样地获得中小型土壤动物 39 类、8 879头,防护林样地获得 55 类、30 102 头(见表 5-7 和表 5-8)。

表 5-7　不同化肥处理条件下农田样地中小型土壤动物种类和数量　　　　单位:头

| 序号 | 动物名称 | N1 | N2 | N3 | P1 | P2 | P3 | K1 | K2 | K3 | CK | 合计 | 占总个体数的百分比/% |
|---|---|---|---|---|---|---|---|---|---|---|---|---|---|
| 1 | 甲螨亚目(Oribatida) | 813 | 538 | 480 | 481 | 345 | 215 | 836 | 594 | 410 | 554 | 5 266 | 59. 31 |
| 2 | 中气门亚目(Mesostigmta) | 255 | 285 | 139 | 57 | 115 | 56 | 76 | 159 | 101 | 379 | 1 622 | 18. 27 |
| 3 | 棘跳虫科(Onychiuridae) | 53 | 82 | 48 | 68 | 57 | 31 | 87 | 54 | 30 | 59 | 569 | 6. 41 |
| 4 | 前气门亚目(Prostigmata) | 38 | 20 | 38 | 27 | 27 | 10 | 25 | 48 | 14 | 51 | 298 | 3. 36 |
| 5 | 等节跳虫科(Isotomidae) | 20 | 33 | 29 | 36 | 29 | 24 | 44 | 17 | 16 | 23 | 271 | 3. 05 |

续表 5-7

| 序号 | 动物名称 | N1 | N2 | N3 | P1 | P2 | P3 | K1 | K2 | K3 | CK | 合计 | 占总个体数的百分比/% |
|---|---|---|---|---|---|---|---|---|---|---|---|---|---|
| 6 | 隐翅甲科（Staphylinidae） | 36 | 52 | 36 | 14 | 30 | 36 | 30 | 13 | 7 | 7 | 261 | 2.94 |
| 7 | 蚁科（Formicidae） | 10 | 19 | 22 | 14 | 8 | 3 | 11 | 14 | 21 | 5 | 127 | 1.43 |
| 8 | 长角跳虫科（Paronellidae） | 26 | 7 | 21 | 23 | 7 | 2 | 14 | 3 | 11 | 4 | 118 | 1.33 |
| 9 | 跳虫科（Poduridae） | | 7 | | 1 | 14 | 16 | 4 | 6 | 3 | 9 | 60 | 0.68 |
| 10 | 虎甲科（Cicindelidae） | 2 | 7 | | 5 | | 10 | 4 | 4 | 6 | | 38 | 0.43 |
| 11 | 蚁甲科（Pselaphidae） | 4 | 3 | | 2 | 4 | 6 | 2 | 1 | 3 | 3 | 28 | 0.32 |
| 12 | 长足虻科（Dolichopodadae） | 3 | 8 | 2 | 3 | | 3 | 3 | 3 | 1 | 1 | 27 | 0.30 |
| 13 | 线蚓科（Enchytraeidae） | | 1 | 1 | 4 | 2 | 4 | 3 | | 5 | 2 | 22 | 0.25 |
| 14 | 金龟甲科（Scarabaeidae） | 1 | 4 | 1 | 2 | 1 | 1 | 3 | 3 | 3 | 2 | 21 | 0.24 |
| 15 | 舞虻科（Empididae） | 3 | 1 | | 2 | 4 | 3 | 3 | 1 | | 1 | 19 | 0.21 |
| 16 | 摇蚊科（Chironomidae） | 2 | | 1 | 1 | | 5 | | 5 | 2 | | 16 | 0.18 |
| 17 | 圆跳虫科（Sminthuridae） | | | | 2 | 1 | 3 | 4 | 2 | 1 | 2 | 15 | 0.17 |
| 18 | 蝙蝠蛾科（Hepialidae） | | 5 | | 2 | | 2 | | 2 | 2 | | 13 | 0.14 |
| 19 | 瘿蚊科（Cecidomyiide） | 1 | 4 | 2 | 1 | | 1 | 2 | | | 1 | 12 | 0.14 |
| 20 | 鹬虻科（Rhagionidae） | 1 | 2 | 2 | | | 2 | 2 | 1 | | | 10 | 0.11 |
| 21 | 步甲科（Carabidae） | 1 | 3 | | 3 | | | | 1 | | 1 | 9 | 0.10 |
| 22 | 舟蛾科（Notodontidae） | | | | 4 | 3 | 1 | | 1 | | | 9 | 0.10 |
| 23 | 叩甲科（Elateridae） | 1 | | 2 | | | | 1 | | 3 | | 7 | 0.08 |
| 24 | 剑虻科（Therevidae） | | | | 4 | 1 | 1 | | | | 1 | 7 | 0.08 |
| 25 | 粪蚊科（Scatopsidae） | | 1 | 1 | | | | | 1 | | 2 | 5 | 0.06 |
| 26 | 地蜈蚣目（Geophilomorpha） | | 3 | | | | 1 | | 1 | | | 5 | 0.06 |
| 27 | 蚱总科（Tetrigoidea） | | | | 1 | 1 | | 1 | | 1 | 1 | 5 | 0.06 |
| 28 | 葬甲科（Silphidae） | | 1 | | 2 | | | | | | | 3 | 0.03 |
| 29 | 食虫虻科（Xylophagidae） | 2 | | | | | | 1 | | | | 3 | 0.03 |
| 30 | 出尾蕈甲（Scaphidinae） | | | | | 2 | | | | | | 2 | 0.02 |
| 31 | 蚋科（Simuliidae） | 2 | | | | | | | | | | 2 | 0.02 |
| 32 | 土蝽科（Cydnidae） | | 1 | | | | | | 1 | | | 2 | 0.02 |

续表 5-7

| 序号 | 动物名称 | N1 | N2 | N3 | P1 | P2 | P3 | K1 | K2 | K3 | CK | 合计 | 占总个体数的百分比/% |
|---|---|---|---|---|---|---|---|---|---|---|---|---|---|
| 33 | 长角毛蚊科(Hesperinidae) | 0 | 0 | 0 | 0 | 1 | 0 | 0 | 0 | 0 | 0 | 1 | 0.01 |
| 34 | 幺蚣科(Scolopendrellidae) | 1 | 0 | 0 | 0 | 0 | 0 | 0 | 0 | 0 | 0 | 1 | 0.01 |
| 35 | 蜘蛛目(Araneida) | 0 | 0 | 0 | 0 | 0 | 0 | 0 | 0 | 1 | 0 | 1 | 0.01 |
| 36 | 蚜科(Aphididae) | 0 | 0 | 0 | 0 | 0 | 1 | 0 | 0 | 0 | 0 | 1 | 0.01 |
| 37 | 节蜉科(Phloeidae) | 0 | 0 | 0 | 0 | 0 | 0 | 0 | 0 | 1 | 0 | 1 | 0.01 |
| 38 | 花蝽科(Anthocoridae) | 0 | 1 | 0 | 0 | 0 | 0 | 0 | 0 | 0 | 0 | 1 | 0.01 |
| 39 | 蓟马科(Thripidae) | 1 | 0 | 0 | 0 | 0 | 0 | 0 | 0 | 0 | 0 | 1 | 0.01 |
| | 总个体数 | 1 276 | 1 088 | 827 | 759 | 650 | 437 | 1 158 | 933 | 641 | 1 110 | 8 879 | |
| | 总类群数 | 22 | 24 | 18 | 24 | 18 | 24 | 22 | 22 | 20 | 21 | 39 | |

表 5-8　不同化肥处理条件下防护林样地中小型土壤动物种类和数量　　　单位:头

| 序号 | 动物名称 | N1 | N2 | N3 | P1 | P2 | P3 | K1 | K2 | K3 | CK | 合计 | 占总个体数的百分比/% |
|---|---|---|---|---|---|---|---|---|---|---|---|---|---|
| 1 | 甲螨亚目(Oribatida) | 1 192 | 1 320 | 2 287 | 1 785 | 2 073 | 2 212 | 1 869 | 2 596 | 1 631 | 1 910 | 18 875 | 62.73 |
| 2 | 中气门亚目(Mesostigmta) | 275 | 381 | 643 | 555 | 499 | 750 | 518 | 328 | 927 | 791 | 5 667 | 18.83 |
| 3 | 棘跳虫科(Onychiuridae) | 112 | 60 | 18 | 116 | 82 | 125 | 129 | 107 | 280 | 92 | 1 121 | 3.72 |
| 4 | 蚁科(Formicidae) | 253 | 46 | 28 | 116 | 52 | 28 | 120 | 83 | 76 | 77 | 879 | 2.92 |
| 5 | 前气门亚目(Prostigmata) | 18 | 33 | 58 | 53 | 79 | 40 | 60 | 72 | 150 | 29 | 592 | 1.97 |
| 6 | 等节跳虫科(Isotomidae) | 13 | 32 | 35 | 47 | 52 | 60 | 80 | 91 | 112 | 36 | 558 | 1.85 |
| 7 | 摇蚊科(Chironomidae) | 60 | 24 | 45 | 28 | 60 | 45 | 129 | 84 | 51 | 17 | 543 | 1.80 |
| 8 | 跳虫科(Poduridae) | 2 | | 1 | | 36 | | 71 | 90 | 136 | 44 | 380 | 1.26 |
| 9 | 长角跳虫科(Paronellidae) | 24 | 21 | 25 | 24 | 64 | 26 | 61 | 22 | 40 | 50 | 357 | 1.19 |
| 10 | 花萤科(Cantharidae) | 23 | 9 | 22 | 44 | 47 | 27 | 17 | 25 | 16 | 37 | 267 | 0.89 |
| 11 | 线蚓科(Enchytraeidae) | 7 | 9 | 2 | 12 | 8 | 19 | 26 | 53 | 8 | 14 | 158 | 0.53 |
| 12 | 红萤科(Lycidae) | 8 | 3 | 7 | 13 | 20 | 15 | 14 | 18 | 10 | 17 | 125 | 0.42 |
| 13 | 隐翅甲科(Staphylinidae) | 1 | 11 | 12 | 5 | 14 | 13 | 11 | 16 | 15 | 5 | 103 | 0.34 |
| 14 | 步甲科(Carabidae) | 2 | 4 | 4 | 11 | 7 | 16 | 5 | 11 | 23 | 2 | 85 | 0.28 |
| 15 | 瘿蚊科(Cecidomyiide) | 1 | 1 | 1 | 15 | 5 | 5 | 13 | 2 | 14 | 1 | 58 | 0.19 |

续表 5-8

| 序号 | 动物名称 | N1 | N2 | N3 | P1 | P2 | P3 | K1 | K2 | K3 | CK | 合计 | 占总个体数的百分比/% |
|---|---|---|---|---|---|---|---|---|---|---|---|---|---|
| 16 | 蜘蛛目（Araneida） | 3 | 2 | 7 | 5 | 9 | 3 | 10 | 7 | 2 | 7 | 55 | 0.18 |
| 17 | 金龟甲科（Scarabaeidae） | 5 | 1 | 2 | 8 | 1 | 5 | 4 | 1 | 7 | 5 | 39 | 0.13 |
| 18 | 叩甲科（Elateridae） | | 2 | 7 | 1 | 1 | 13 | 1 | 5 | 1 | 2 | 33 | 0.11 |
| 19 | 虎甲科（Cicindelidae） | | 1 | 1 | | 3 | 2 | 3 | 7 | 6 | 1 | 24 | 0.08 |
| 20 | 蝽科（Pentatomidae） | 9 | | 2 | 11 | 2 | | | | | | 24 | 0.08 |
| 21 | 蚜科（Aphididae） | 1 | | | 12 | 1 | 2 | | | | 1 | 17 | 0.05 |
| 22 | 长足虻科（Dolichopodadae） | | 2 | 1 | | 1 | 5 | 2 | | 3 | 1 | 15 | 0.05 |
| 23 | 蝙蝠蛾科（Hepialidae） | | 1 | 4 | 1 | 1 | 1 | | 1 | 4 | 1 | 14 | 0.05 |
| 24 | 剑虻科（Therevidae） | | | | 1 | 1 | 1 | 3 | 1 | 3 | 1 | 11 | 0.04 |
| 25 | 土蝽科（Cydnidae） | | 1 | | | 7 | | | 1 | 2 | | 11 | 0.04 |
| 26 | 长角毛蚊科（Hesperinidae） | | | 1 | | | | | 7 | | | 8 | 0.03 |
| 27 | 石蜈蚣目（Lithobiomorpha） | 1 | 1 | 2 | | | 2 | | 1 | 1 | | 8 | 0.03 |
| 28 | 葬甲科（Silphidae） | | 1 | | 1 | 1 | | | | 3 | | 6 | 0.02 |
| 29 | 蝇科（Muscidae） | | | 6 | | | | | | | | 6 | 0.02 |
| 30 | 地蜈蚣目（Geophilomorpha） | | | | 1 | | | 1 | | | 3 | 5 | 0.02 |
| 31 | 蓟马科（Thripidae） | | | | | | | 2 | 1 | 2 | | 5 | 0.02 |
| 32 | 食虫虻科（Xylophagidae） | 1 | | | | 1 | | | 1 | 1 | | 4 | 0.01 |
| 33 | 蝗总科（Acridoidea） | | | 4 | | | | | | | | 4 | 0.01 |
| 34 | 膜蝽科（Hebridae） | 3 | | | | | | 1 | | | | 4 | 0.01 |
| 35 | 出尾蕈甲科（Scaphidinae） | | | 2 | | | | | | | 1 | 3 | 0.01 |
| 36 | 蚱总科（Tetrigoidea） | | | | | | | | | 1 | 2 | 3 | 0.01 |
| 37 | 蜢总科（Eumastacoidea） | | | 3 | | | | | | | | 3 | 0.01 |
| 38 | 花蝽科（Anthocoridae） | | | | 1 | | | | 2 | | | 3 | 0.01 |
| 39 | 扁蝽科（Aradinae） | | | | | 2 | | 1 | | | | 3 | 0.01 |
| 40 | 幺蚣科（Scolopendrellidae） | | | | 1 | | | 2 | | | | 3 | 0.01 |
| 41 | 圆跳虫科（Sminthuridae） | | | 1 | 1 | | | | | | | 2 | 0.01 |
| 42 | 锹甲科（Lucanidae） | | 1 | | | | 1 | | | | | 2 | 0.01 |
| 43 | 毛蚊科（Bibionidae） | | | | | | | | | | 2 | 2 | 0.01 |
| 44 | 大蚊科（Tipulidae） | | | | | 1 | | | | 1 | | 2 | 0.01 |

续表 5-8

| 序号 | 动物名称 | N1 | N2 | N3 | P1 | P2 | P3 | K1 | K2 | K3 | CK | 合计 | 占总个体数的百分比/% |
|---|---|---|---|---|---|---|---|---|---|---|---|---|---|
| 45 | 扁足蝇科（Platypezidae） | | | | | | | | | 2 | | 2 | 0.007 |
| 46 | 舟蛾科（Notodontidae） | | | | 1 | | | | 1 | | | 2 | 0.007 |
| 47 | 蚤蝼总科（Tridactyloidea） | 1 | | 1 | | | | | | | | 2 | 0.007 |
| 48 | 网蝽科（Tingidae） | | | | | | 2 | | | | | 2 | 0.007 |
| 49 | 扁甲科（Cucujidae） | | | | | | 1 | | | | | 1 | 0.003 |
| 50 | 扁股花甲科（Euciretidae） | | | | | | | | | | 1 | 1 | 0.003 |
| 51 | 粗角叩甲科（Throscidae） | 1 | | | | | | | | | | 1 | 0.003 |
| 52 | 蚋科（Simuliidae） | | 1 | | | | | | | | | 1 | 0.003 |
| 53 | 多羽蛾科（Alucitidae） | | 1 | | | | | | | | | 1 | 0.003 |
| 54 | 宽蝽科（Deliidae） | | | | | | 1 | | | | | 1 | 0.003 |
| 55 | 蝉科（Cicadiae） | | | 1 | | | | | | | | 1 | 0.003 |
| | 总个体数 | 2 016 | 1 969 | 3 229 | 2 873 | 3 129 | 3 418 | 3 156 | 3 631 | 3 524 | 3 157 | 30 102 | |
| | 总类群数 | 24 | 26 | 30 | 28 | 28 | 26 | 28 | 25 | 29 | 32 | 55 | |

注：表中数据误差均是由计算引起的。

对不同化肥处理条件下中小型土壤动物种类组成和数量分析可以看出，中小型土壤动物不论是在农田样地，还是在防护林样地，甲螨亚目所占比例均为最高，都在 50% 以上，其次是中气门亚目，占总个体数量的 18.27% 和 18.83%，农田样地中常见类群包括棘跳虫科、前气门亚目等 6 个类群，占总个体数量的 18.52%，防护林样地常见类群包括棘跳虫科等 5 个类群，占总个体数的 9.93%。

对不同化肥处理条件下中小型土壤动物按目进行分类统计，结果见图 5-10。从图中可以看出，中小型土壤动物类群构成在防护林和农田系统中没有太大的差别，占比例较大的均是真螨目、寄螨目和弹尾目，分别占个体总数量的 64.67%、18.83%、8.03% 和 62.66%、18.27%、11.63%，真螨目在防护林中所占的比例比农田系统高，弹尾目在农田中比例偏高；防护林中其他 13 个类群占总个体数量的 8.47%，农田中其他 12 个类群占总个体数的 7.44%。

## 2.2 中小型土壤动物群落水平结构对不同化肥处理的响应

对不同化肥处理的农田和防护林中小型土壤动物个体数和类群数进行统计，结果见图 5-11。从图中可以看出，不论是个体数还是类群数，防护林均比农田样地高出很多，这与防护林内具有较多的枯枝落叶有关。

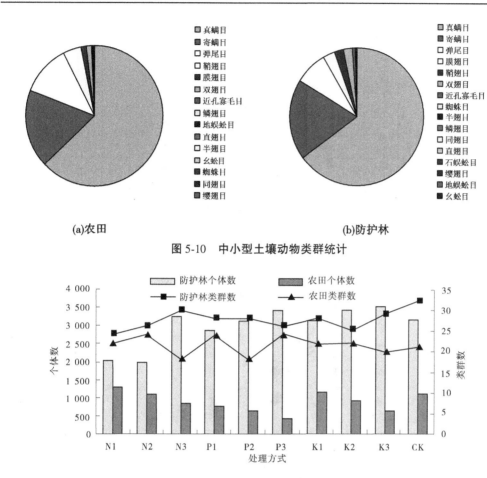

(a)农田　　　　　　　　　　　　　　　(b)防护林

图 5-10　中小型土壤动物类群统计

图 5-11　不同化肥处理条件下中小型土壤动物个体数和类群数

不同化肥处理条件下农田中小型土壤动物个体数特征表现为 N3<N2<CK<N1，P3<P2<P1<CK，K3<K2<CK<K1；类群数特征表现为 N3<CK<N1<N2，P2<CK<P3＝P1，K3<CK<K2＝K1。防护林中小型土壤动物个体数特征表现为 N2<N1<CK<N3，P1<P2<CK<P3，K1<CK<K3<K2；类群数特征表现为 N1<N2<N3<CK，P3<P2＝P1<CK，K2<K1<K3<CK。中小型土壤动物个体数和类群数在农田和防护林中表现出的变化特征具有一定的差异，农田中低浓度样地比高浓度样地个体数量高，类群数也大致表现出此现象；防护林中则表现出高浓度样地个体数比低浓度样地高，类群数在 N 肥和 K 肥施加样地也是高浓度样地比低浓度样地高，这进一步说明样地基础条件对化肥施加后土壤动物变化规律具有重要的影响。

## 2.3　中小型土壤动物群落垂直结构对不同化肥处理的响应

土壤动物在土层中的垂直分布一般具有表聚性特征，即随着土层深度的加深而递减，不同形式的干扰可以导致土壤动物垂直结构发生变化，不同类群的动物表聚性特征不同，中小型土壤动物比大型土壤动物的表聚性更强。通过对不同化肥处理样地中小型土壤动物个体数和类群数的垂直分布进行分析（见图 5-12、图 5-13）可以看出，中小型土壤动物

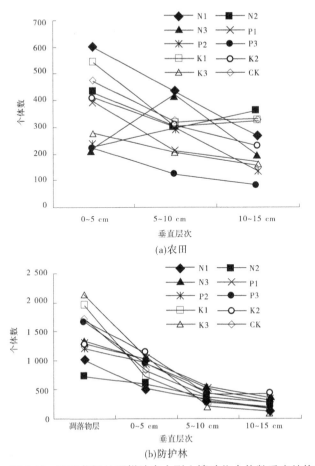

(a)农田

(b)防护林

图 5-12 不同化肥处理样地中小型土壤动物个体数垂直结构

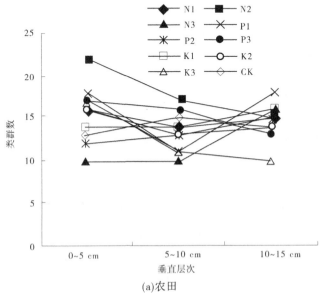

(a)农田

图 5-13 不同化肥处理样地中小型土壤动物类群数垂直结构

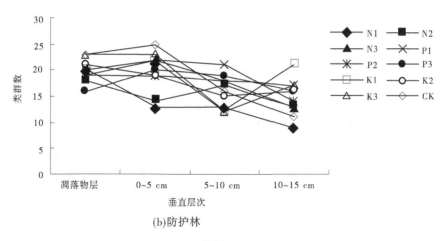

(b)防护林

续图 5-13

个体外,其余样地表现为明显的表聚性,即 0~5 cm 土层数量最多,向下层逐渐减少;在防护林样地中表现为凋落物层最多,这主要是由于在枯落叶层中蜱螨类和弹尾类动物较多,越向下层,数量越少,这和其他森林中土壤动物垂直分布规律是一致的。中小型土壤动物类群数的垂直分布在农田和防护林各样地中均未表现出明显表聚性特征,由表层向下表现出的变化规律不明显,这与中小型土壤动物优势种类较突出有关,不论是在防护林还是在农田中,蜱螨目与弹尾目所占总个体数量的和均在 90% 以上,表层土壤动物虽然个体数量很大,但类群数却没有增加。

## 2.4　中小型土壤动物群落特征指数对不同化肥处理的响应

根据第 2 章第 4 节公式对农田和防护林不同处理样地中小型土壤动物的 Shannon-Wiener 多样性指数($H'$)、Pielou 均匀度指数($J$)、Simpson 优势度指数($S$)、Margalef 丰富度指数($M$)、DG 密度–类群指数(DG)及 DIC 多群落间比较指数(DIC)进行计算,结果见图 5-14、图 5-15。对群落特征指数进行分析可以看出,中小型土壤动物群落特征指数在防护林和农田样地中差异较大,在农田样地中,Shannon-Wiener 多样性指数在每种处理方式最大的分别是 N2、P3 和 K1,Pielou 均匀度最高的样地是 N3、P3 和 K3,Simpson 优势度在 N1、P1 和 K1 表现最大,Margalef 丰富度指数、DG 指数和 DIC 指数 N2 样地均高于其他浓度样地,P 和 K 处理样地这 3 个指数最高的分别为 P3、K2,P3、K3 及 P1、K1;防护林样地中 Shannon-Wiener 多样性指数和 Pielou 均匀度指数最高的分别为 N1、P2 和 K3,Simpson 优势度指数、Margalef 丰富度指数、DG 指数和 DIC 指数在 N 肥处理样地均是 N3 最高,在 P 和 K 肥处理样地这 4 个指数最高值分别是 P3、K2,P2、K3,P1、K3 及 P2、K3。

群落特征指数反映群落内生物类群的多少和分布情况,也反映群落组成的复杂程度,对于评价群落生态的组织水平具有一定意义。不同的群落特征指数具有不同的含义,Shannon-Wiener 多样性指数是借用信息论方法来分析物种的多样性程度,主要与物种数目和物种分配的平均性有关,物种数目越多、数量分布越均匀,Shannon-Wiener 指数也就越高;Pielou 均匀度指数反映群落群物种分布的均匀度状况;Simpson 优势度指数表示群落中物种的优势现象,其值越大,物种优势现象越明显;Margalef 丰富度指数反映了群落

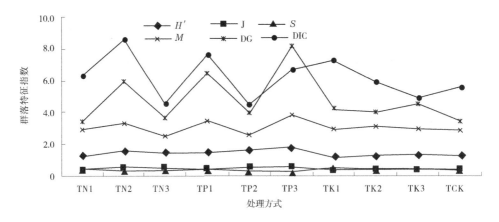

图 5-14　不同化肥处理条件下农田中小型土壤动物群落特征指数

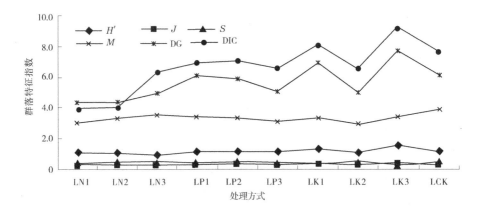

图 5-15　不同化肥处理条件下防护林中小型土壤动物群落特征指数

物种丰富度,指一个群落或环境中物种数目的多寡;密度类群指数(DG 指数)是将群落内各类群视为同等独立,在群落间逐个类群与类群的最大值进行比较,得出每一个群落相对于其他群落的多样性判断,DG 指数避开了群落内各物种的比较,而是进行多群落间的比较;多群落间比较指数(DIC 指数)也是进行多群落比较时常用的群落特征指数。

## 2.5　不同化肥处理条件下中小型土壤动物群落时间变化

对农田和防护林中不同化肥处理条件下中小型土壤动物在不同取样时间获得的个体数和类群数进行分析,结果见图 5-16、图 5-17。

对不同取样时间中小型土壤动物个体数和类群数变化可以看出以下特征。

不论是农田还是防护林样地,中小型土壤动物个体数和类群数在不同取样时间均表现出很大的差异性。TN1、TK2、TK3 样地个体数量为 9 月最高、5 月最低,其他样地为 7 月最高;类群数在 TP2、TP3 和 TK1 样地为 7 月最大,其他样地均为 5 月最大。对不同月份的个体数和类群数进行单因素方差分析显示类群数在不同月份之间差异显著($F=11.373,P<0.001$),而个体数在不同月份间差异不明显($F=0.034\ 6,P=0.711$)。

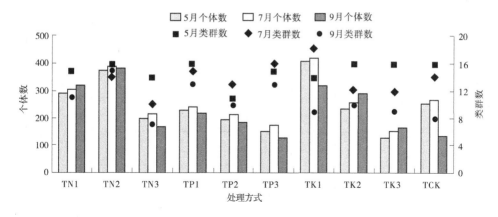

**图 5-16　农田中小型土壤动物不同月份个体数和类群数**

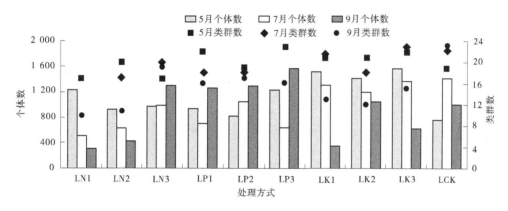

**图 5-17　防护林中小型土壤动物不同月份个体数和类群数**

防护林样地中小型土壤动物个体数和类群数在不同月份也有一定的差异性,个体数在样地 LN3、LP1、LP2、LP3 是 9 月最大,在 LN1、LN2、LK1、LK2、LK3 样地表现为 5 月最高,在空白对照样地是 7 月最大;类群数除 LN3、LK1、LK3 样地是 7 月最高,空白对照样地是 9 月最高外,其他样地均是 5 月最大。不同月份个体数和类群数差异分析显示类群数在不同月份之间差异显著($F = 7.754, P = 0.002$),而个体数在不同月份之间差异不明显($F = 0.957, P = 0.397$)。

分析不同月份土壤动物个体数量和类群数量变化特征能够看出,取样时间是影响土壤动物个体数和类群数的重要因素,这与不同取样时间气候条件的差异有一定联系,温度高、降水多的季节往往土壤动物个体数量比较丰富。分析结果显示中小型土壤动物类群数受月份影响较大,而个体数受在不同取样时间的差异不大。

## 2.6　不同化肥处理条件下中小型土壤动物群落相似性分析

采用第 2 章第 4 节中 Jaccard 指数计算公式对农田和防护林不同化肥处理条件下中小型土壤动物群落之间相似性指数分别进行分析,结果见表 5-9。

表5-9 农田和防护林不同化肥处理条件下中小型土壤动物群落相似性

| 项目 | TN1 | TN2 | TN3 | TP1 | TP2 | TP3 | TK1 | TK2 | TK3 | TCK | LN1 | LN2 | LN3 | LP1 | LP2 | LP3 | LK1 | LK2 | LK3 | LCK |
|---|---|---|---|---|---|---|---|---|---|---|---|---|---|---|---|---|---|---|---|---|
| TN1 | 1 | | | | | | | | | | | | | | | | | | | |
| TN2 | 0.710 | 1 | | | | | | | | | | | | | | | | | | |
| TN3 | 0.700 | 0.714 | 1 | | | | | | | | | | | | | | | | | |
| TP1 | 0.696 | 0.826 | 0.667 | 1 | | | | | | | | | | | | | | | | |
| TP2 | 0.550 | 0.619 | 0.611 | 0.810 | 1 | | | | | | | | | | | | | | | |
| TP3 | 0.696 | 0.750 | 0.625 | 0.909 | 0.762 | 1 | | | | | | | | | | | | | | |
| TK1 | 0.773 | 0.783 | 0.652 | 0.826 | 0.750 | 0.783 | 1 | | | | | | | | | | | | | |
| TK2 | 0.727 | 0.827 | 0.583 | 0.391 | 0.700 | 0.826 | 0.727 | 1 | | | | | | | | | | | | |
| TK3 | 0.636 | 0.682 | 0.684 | 0.818 | 0.778 | 0.727 | 0.857 | 0.698 | 1 | | | | | | | | | | | |
| TCK | 0.651 | 0.800 | 0.718 | 0.889 | 0.821 | 0.622 | 0.837 | 0.780 | 0.780 | 1 | | | | | | | | | | |
| LN1 | 0.394 | 0.371 | 0.400 | 0.412 | 0.355 | 0.412 | 0.394 | 0.353 | 0.419 | 0.406 | 1 | | | | | | | | | |
| LN2 | 0.500 | 0.515 | 0.467 | 0.515 | 0.294 | 0.389 | 0.455 | 0.412 | 0.533 | 0.424 | 0.560 | 1 | | | | | | | | |
| LN3 | 0.405 | 0.421 | 0.412 | 0.500 | 0.371 | 0.459 | 0.486 | 0.405 | 0.563 | 0.457 | 0.593 | 0.643 | 1 | | | | | | | |
| LP1 | 0.389 | 0.444 | 0.394 | 0.529 | 0.394 | 0.486 | 0.389 | 0.389 | 0.455 | 0.441 | 0.500 | 0.593 | 0.552 | 1 | | | | | | |
| LP2 | 0.471 | 0.529 | 0.438 | 0.576 | 0.353 | 0.486 | 0.515 | 0.429 | 0.548 | 0.485 | 0.577 | 0.692 | 0.310 | 0.607 | 1 | | | | | |
| LP3 | 0.455 | 0.429 | 0.467 | 0.515 | 0.333 | 0.471 | 0.455 | 0.371 | 0.533 | 0.469 | 0.520 | 0.692 | 0.429 | 0.593 | 0.667 | 1 | | | | |
| LK1 | 0.515 | 0.444 | 0.438 | 0.486 | 0.353 | 0.486 | 0.429 | 0.429 | 0.500 | 0.441 | 0.577 | 0.519 | 0.621 | 0.571 | 0.643 | 0.630 | 1 | | | |
| LK2 | 0.469 | 0.485 | 0.433 | 0.581 | 0.483 | 0.485 | 0.469 | 0.424 | 0.552 | 0.484 | 0.571 | 0.627 | 0.655 | 0.642 | 0.679 | 0.667 | 0.642 | 1 | | |
| LK3 | 0.500 | 0.472 | 0.424 | 0.559 | 0.382 | 0.432 | 0.545 | 0.417 | 0.581 | 0.515 | 0.604 | 0.655 | 0.644 | 0.561 | 0.702 | 0.704 | 0.667 | 0.667 | 1 | |
| LCK | 0.421 | 0.514 | 0.389 | 0.556 | 0.351 | 0.514 | 0.500 | 0.421 | 0.529 | 0.472 | 0.571 | 0.328 | 0.645 | 0.600 | 0.700 | 0.621 | 0.667 | 0.655 | 0.721 | 1 |

分析群落间的相似性可以看出,相同利用方式样地中小型土壤动物群落间相似性指数较高,除个别群落间相似性指数小于 0.500 以外,多数相同利用方式不同处理样地之间群落相似性指数在 0.500 以上,农田不同处理方式样地间中小型土壤动物群落相似性指数平均值为 0.728 2,防护林为 0.619 0;不同利用方式样地间中小型土壤动物群落相似性指数较低,多数低于 0.500,平均值为 0.454 2,这与大型土壤动物群落间相似性指数表现出的特征一致,说明利用方式差异对中小型土壤动物群落也具有显著影响。

对农田和防护林中小型土壤动物在 N、P、K 三种化肥处理和空白样地处理方式间的相似性指数平均值进行分析,结果见表 5-10。从表中可以看出,相同利用方式样地中小型土壤动物群落相似性指数明显高于不同利用方式间群落相似性指数,农田样地中同种化肥处理间群落相似性指数比不同类型化肥处理样地偏高,但防护林样地未表现出明显偏高的特征。与大型土壤动物群落相似性指数比较能够看出,不同利用方式样地间中小型土壤动物群落相似性比大型土壤动物群落相似性指数高,说明利用方式的差异对大型土壤动物的影响比中小型土壤动物明显。

表 5-10　不同类型化肥处理样地中小型土壤动物群落相似性指数平均值

| 化肥类型 | 农田 | 防护林 | 农田-防护林 |
| --- | --- | --- | --- |
| N-N | 0.708 | 0.599 | 0.432 |
| N-P | 0.671 | 0.541 | 0.507 |
| N-K | 0.705 | 0.608 | 0.456 |
| P-P | 0.827 | 0.622 | 0.460 |
| P-K | 0.730 | 0.653 | 0.468 |
| K-K | 0.761 | 0.659 | 0.483 |
| CK-其他 | 0.766 | 0.612 | 0.463 |

## 2.7　土壤环境与中小型土壤动物之间的关系分析

对不同化肥处理条件下土壤含水量、pH、有机质含量、全氮、全磷、全钾等土壤环境因子与中小型土壤动物个体数与类群数之间相关性进行分析,结果见表 5-11。从表中可以看出,农田系统中小型土壤动物与不同环境因子之间的相关性在不同月份具有一定差异,5 月中小型土壤动物类群数与 pH 之间表现为显著负相关($r = -0.780, P < 0.01$),其他土壤动物因子与土壤环境间相关性不显著;7 月结果中小型土壤动物与环境因子间不具有明显的相关性;9 月中小型土壤动物个体数与全钾含量相关性明显($r = 0.684, P < 0.05$),其他土壤动物因子与土壤环境之间的相关性不明显。

表 5-11　农田系统中小型土壤动物与环境因子的相关系数

| 样地类型 | 月份 | 项目 | 含水量 | pH | 有机质 | 全氮 | 全磷 | 全钾 |
|---|---|---|---|---|---|---|---|---|
| 农田 | 5月 | 个体数 | 0.392 | -0.196 | 0.208 | 0.216 | 0.085 | -0.065 |
| | | 类群数 | 0.257 | -0.780** | -0.032 | -0.007 | -0.064 | 0.478 |
| | 7月 | 个体数 | -0.416 | -0.412 | 0.131 | 0.626 | 0.400 | -0.412 |
| | | 类群数 | -0.484 | 0.315 | 0.067 | 0.457 | 0.301 | 0.638 |
| | 9月 | 个体数 | 0.147 | -0.127 | 0.309 | -0.019 | 0.400 | 0.684* |
| | | 类群数 | 0.392 | 0.410 | 0.208 | -0.160 | 0.248 | 0.120 |
| 防护林 | 5月 | 个体数 | 0.325 | 0.506 | 0.503 | 0.411 | 0.535 | 0.763** |
| | | 类群数 | 0.106 | 0.493 | 0.288 | 0.517 | 0.619* | 0.602 |
| | 7月 | 个体数 | 0.296 | -0.522 | 0.218 | 0.141 | 0.087 | 0.039 |
| | | 类群数 | 0.103 | 0.495 | 0.089 | 0.313 | -0.241 | -0.046 |
| | 9月 | 个体数 | 0.275 | -0.372 | -0.233 | 0.248 | 0.448 | 0.001 |
| | | 类群数 | 0.189 | 0.108 | -0.514 | -0.390 | 0.375 | -0.086 |

注: * 为双尾检验在 0.05 水平上显著相关; ** 为双尾检验在 0.01 水平上显著相关。

防护林中小型土壤动物与环境因子之间的关系与农田表现出类似的现象,即除少数个别土壤动物因子与某种环境因子之间具有显著相关性外,大多数中小型土壤动物因子与环境之间相关性不高。5 月中小型土壤动物个体数与全钾之间相关性十分显著($r = 0.763, P < 0.01$),类群数与全磷含量相关明显($r = 0.619, P < 0.05$);7 月和 9 月中小型土壤动物个体数和类群数与环境因子间相关性均不明显。

研究结果并未显示土壤动物个体数、类群数等因子与土壤环境因子之间具有相关性,这与前人对于土壤动物与环境因子间关系的研究结果不一致。这可能是因为试验区域面积较小,不同样地之间土壤环境差异不很明显。此外,由于取样过程中干扰比较强烈,对土壤动物群落影响较大,这也是导致土壤环境因子与土壤动物相关性不高的原因。

## 2.8　中小型土壤动物与不同处理方式的关系

对农田和防护林的不同化肥处理样地中小型土壤动物以目为单位对不同化肥处理方式、不同土地利用类型及不同土壤动物类群之间进行多因素方差分析,分析结果见表 5-12。

表 5-12　不同化肥处理条件下中小型土壤动物多重比较

| 变异来源 | SS | df | MS | F | Sig. |
|---|---|---|---|---|---|
| 校正模型 | 31 438 042.366 | 25 | 1 257 521.695 | 30.768 | 0 |
| 处理方式 | 62 828.966 | 9 | 6 980.996 | 0.171 | 0.997 |
| 用地类型 | 1 407 283.878 | 1 | 1 407 283.878 | 34.432 | 0 |
| 动物类群 | 29 967 929.522 | 15 | 1 997 861.968 | 48.882 | 0 |
| 误差 | 12 016 135.006 | 294 | 40 871.208 | | |
| 总和 | 48 202 185.000 | 320 | | | |
| 校正总和 | 43 454 177.372 | 319 | | | |

分析结果表明,不同土地利用类型、化肥处理方式及动物类群的综合作用对中小型土壤动物的个体数量影响具有高度显著性($F = 30.768$,$P < 0.001$)。三个因素对中小型土壤动物数量的影响程度不同,中小型土壤动物数量在不同用地类型和不同动物类群之间差异十分显著($F = 34.432$,$P < 0.001$;$F = 48.882$,$P < 0.001$),在不同化肥处理方式下中小型土壤动物个体数量不具有显著差异性($F = 0.171$,$P = 0.997$)。

# 第 3 节　本章小结

通过对农田系统中施加不同浓度 N 肥、P 肥和 K 肥试验,分析不同类型单一化肥对土壤动物群落的影响,同时在农田附近防护林中设同样处理的样地进行参考比对,3 次调查共获得大型土壤动物 7 219 头,隶属环节动物门和节肢动物门 2 门 5 纲 11 目,共 46 个类群,其中农田样地中获得 29 类 887 头,防护林样地获得 41 类 6 332 头;中小型土壤动物 38 981 头,隶属于环节动物门和节肢动物门 2 门 5 纲 16 目,共 60 个类群,其中农田样地获得中小型土壤动物 39 类 8 879 头,防护林样地获得中小型土壤动物 55 类 30 102 头。

研究通过对不同化肥处理条件下土壤动物个体数和类群数在水平方向和垂直方向的特征分析了土壤动物的空间结构特征。从不同取样时间、土壤动物表现来分析土壤动物的时间结构特征。此外,对土壤动物生物量、群落多样性指数、不同样地之间群落相似性、土壤动物与环境之间关系等进行分析,并从不同化肥处理、不同用地类型及不同动物类群方面分析了其对土壤动物数量差异性的决定程度。

# 第6章 土壤动物群落结构 对农药处理的响应

在当今的农业生产中,喷施农药已经是非常重要的管理措施之一,农药的使用能够提高农业生产效率、提高作物产量,但农药的使用在带来巨大经济效益的同时,也对生态环境造成了一定的影响。农药的种类包括除草剂、杀虫剂和杀菌剂等,目前农药使用对土壤动物群落的影响已有很多研究报道。除草剂的使用会严重影响土壤线虫种群数量,改变土壤动物群落结构,使昆虫和蚯蚓在群落中的比例下降,蜱螨、马陆和幺蚰的比例上升;有机磷农药的喷施会使土壤动物种类和数量减少,农药污染对蛴螬、蚯蚓等大型土壤动物的呼吸代谢强度具有明显的抑制作用。农药施用对土壤动物群落影响方面的研究还有很多值得探讨的方面,很多研究者关注较高浓度农药作用下土壤动物群落的表现,对于标准喷施浓度对土壤动物群落的影响方面研究较少,本次研究以标准喷施浓度的除草剂和杀虫剂为试验喷施剂量,通过向农田施加不同类型除草剂和杀虫剂试验,分析其中土壤动物群落结构表现,旨在探讨标准浓度下不同类型除草剂和杀虫剂对土壤动物群落结构的影响,这对于评估除草剂和杀虫剂对土壤动物的安全性具有重要意义。

## 第1节 土壤动物群落结构对除草剂的响应

### 1.1 土壤动物种类和数量对除草剂的响应

试验调查共获得大型土壤动物390头,隶属环节动物门和节肢动物门2门、4纲、10目(见表6-1),获得中小型土壤动物2 748只,隶属节肢动物门和环节动物门2门、4纲、10目(见表6-2)。其中,大型土壤动物的优势类群为蚁科和线蚓科,分别占总个体数量的44.36%和22.05%,常见类群包括隐翅甲科地蜈蚣目、虎甲科等12个类群,共占总个体数量的28.21%,稀有类群包括蚁甲科、长足虻科等12个类群,占总个体数量的5.38%;中小型土壤动物的优势类群有甲螨亚目、中气门亚目,分别占总个体数量的51.16%和26.82%,常见类群包括前气门亚目、蚁科、棘跳虫科等5类,占总个体数的17.36%,稀有类群和极稀有类群包括跳虫科、虎甲科等24个类群,共占总个体数量的4.66%。

表6-1　不同除草剂影响下大型土壤动物种类组成和数量

单位:只

| 序号 | 大型土壤动物 | 对照样地 | | | | 乙草胺 | | | | 2,4滴丁酯 | | | | 噻吩磺隆 | | | | 合计 | 占总个体数的百分比/% | 多度 |
|---|---|---|---|---|---|---|---|---|---|---|---|---|---|---|---|---|---|---|---|---|
| | | 5月 | 7月 | 9月 | 小计 | 5月 | 7月 | 9月 | 小计 | 5月 | 7月 | 9月 | 小计 | 5月 | 7月 | 9月 | 小计 | | | |
| 1 | 蚁科(Formicidae) | 27 | 6 | | 33 | 1 | 12 | 9 | 22 | 16 | 2 | 27 | 45 | 22 | 15 | 36 | 73 | 173 | 44.36 | +++ |
| 2 | 线蚓科(Enchytraeidae) | 9 | | 4 | 13 | 16 | | 9 | 25 | 8 | | 11 | 19 | 12 | | 17 | 29 | 86 | 22.05 | +++ |
| 3 | 隐翅甲科(Staphylinidae) | 5 | | | 5 | 7 | | | 7 | | | 3 | 3 | 8 | | | 8 | 23 | 5.90 | ++ |
| 4 | 地蜈蚣目(Geophilomorpha) | 4 | | | 4 | 3 | | 1 | 4 | 6 | | 2 | 8 | 5 | | | 5 | 21 | 5.38 | ++ |
| 5 | 虎甲科(Cicindelidae) | 1 | 1 | | 2 | 5 | | | 5 | 2 | | 1 | 3 | 2 | 1 | | 3 | 13 | 3.33 | ++ |
| 6 | 步甲科(Carabidae) | 7 | | | 7 | | | | | | | | | | 1 | 1 | 2 | 9 | 2.31 | ++ |
| 7 | 蜘蛛目(Araneae) | | | 4 | 4 | 2 | | | 2 | 1 | | | 1 | 1 | | | 1 | 8 | 2.05 | ++ |
| 8 | 叩甲科(Elateridae) | | | | | 2 | | | 2 | | 1 | 1 | 2 | 1 | 1 | | 2 | 6 | 1.54 | ++ |
| 9 | 舞虻科(Empididae) | | | | | 3 | | | 3 | 1 | | | 1 | 2 | | | 2 | 6 | 1.54 | ++ |
| 10 | 金龟甲科(Scarabaeidae) | 2 | | | 2 | | 2 | | 2 | | | 2 | 2 | | | | | 6 | 1.54 | ++ |
| 11 | 蚤蝇科(Phoridae) | | | | | 2 | | | 2 | | 3 | | 3 | | | | | 5 | 1.28 | ++ |
| 12 | 蝙蝠蛾科(Hepialidae) | | 4 | | 4 | | | | | | | | | | | 1 | 1 | 5 | 1.28 | ++ |
| 13 | 卵(Egg) | | 2 | | 2 | | | 1 | 1 | | | | | | | 1 | 1 | 4 | 1.03 | ++ |
| 14 | 葬甲科(Silphidae) | 2 | 1 | | 3 | | | | | | | | | | | 1 | 1 | 4 | 1.03 | ++ |

续表6-1

| 序号 | 大型土壤动物 | 对照样地 | | | | 乙草胺 | | | | 2,4滴丁酯 | | | | 噻吩磺隆 | | | | 合计 | 占总个体数的百分比/% | 多度 |
|---|---|---|---|---|---|---|---|---|---|---|---|---|---|---|---|---|---|---|---|---|
| | | 5月 | 7月 | 9月 | 小计 | 5月 | 7月 | 9月 | 小计 | 5月 | 7月 | 9月 | 小计 | 5月 | 7月 | 9月 | 小计 | | | |
| 15 | 蚁甲科(Pselaphidae) | | | | | | | | | 1 | 1 | | 2 | 1 | | | 1 | 3 | 0.77 | + |
| 16 | 长足虻科(Dolichopodidae) | | | | | | | 1 | 1 | 2 | | | 2 | | | | | 3 | 0.77 | + |
| 17 | 大蚊科(Tipulidae) | | | | | | 2 | | 2 | | | | | | | | | 2 | 0.51 | + |
| 18 | 鹬虻科(Rhagionidae) | | | | | 1 | | | 1 | | 1 | | 1 | | | | | 2 | 0.51 | + |
| 19 | 蚋科(Simuliidae) | | | | | | 1 | | 1 | | | | | | 1 | | 1 | 2 | 0.51 | + |
| 20 | 舟蛾科(Notodontidae) | | | | | | | | | | | | | 2 | | | 2 | 2 | 0.51 | + |
| 21 | 缘蝽科(Coreidae) | | 1 | | 1 | | | | | | | | | 1 | | | 1 | 2 | 0.51 | + |
| 22 | 阎甲科(Histeridae) | | | | | | | | | | | | | 1 | | | 1 | 1 | 0.26 | + |
| 23 | 露尾甲科(Nitidulidae) | | | | | | | | | | | | | | 1 | | 1 | 1 | 0.26 | + |
| 24 | 剑虻科(Therevidae) | | | | | | | | | 1 | | | 1 | | | | | 1 | 0.26 | + |
| 25 | 蚱总科(Tetrigoidea) | | | | | | | | | | | | | 1 | | | 1 | 1 | 0.26 | + |
| 26 | 蜚蠊目(Blattoptera) | | | | | | | | | | | | | 1 | | | 1 | 1 | 0.26 | + |
| | 总计 | 57 | 15 | 8 | 80 | 41 | 18 | 25 | 84 | 40 | 9 | 43 | 92 | 60 | 20 | 54 | 134 | 390 | 100 | |
| | 类群数 | 8 | 6 | 2 | 12 | 10 | 5 | 8 | 16 | 11 | 4 | 4 | 15 | 14 | 6 | 3 | 17 | 26 | | |

注::+++为优势类群,占总个体数量的10%以上;++为常见类群,占总个体数量的1%~10%;+为稀有类群,占总个体数量的0.1%~1%。

从表 6-1 可以看出,不论是从总数还是从每个月调查获得的数据来看,3 种类型的除草剂的施用没有使大型土壤动物个体数和类群数明显减少,对照样地获得的土壤动物总数量为 80 头,乙草胺、2,4 滴丁酯和噻吩磺隆三种除草剂影响下土壤动物个体数量总数分别为 84 头、92 头、134 头,比对照样地的个体数量还要多;对照样地的总类群数为 12,而施用 3 种除草剂获得的大型土壤动物类群数分别为 16、15、17,这与前人很多研究得出除草剂导致土壤动物种类和数量减少的结果不一致,主要是因为本试验研究的除草剂喷施浓度偏低,完全是依据不同类型除草剂的参考喷施浓度进行喷施。此外,大型土壤动物个体相对较大,对除草剂具有相对较强的耐药性也是造成这一现象的原因。

从表 6-2 可以看出,除草剂对中小型土壤动物个体数量具有很大的影响,在对照样地中调查获得的土壤动物个体数量共为 1 110 只,占所有捕获动物个体数量的 40.39%,而 3 种除草剂影响的样地获得的土壤动物数量分别为 490 只、605 只和 543 只,分别占总个体数量的 17.83%、22.02% 和 19.76%,这说明除草剂在消灭田间杂草的同时也会对中小型土壤动物带来一定的危害。从不同类群土壤动物的数量特征可以看出,导致个体数量减少主要是优势类群数量下降,这与其他研究者的研究结果相一致。优势类群甲螨亚目和中气门亚目在对照样地的个体数量比喷施除草剂的样地高很多,分别占各类群总数量的 39.40% 和 51.42%;常见类群中弹尾目在施加除草剂的样地中数量也明显减少,对照样地数量占总数量的 59.15%,而其他的类群如膜翅目的科蚁、双翅目幼虫、鞘翅目昆虫等的数量在喷施除草剂的样地反而比对照样地要增加;稀有类群数量在喷施除草剂和对照样地之间差异并不十分明显。从种类组成特征上来看,除草剂的使用没有使中小型土壤动物类群数量减少。

不同除草剂对中小型土壤动物种类和数量的影响差异不大,喷施乙草胺的样地 3 次取样共获得土壤动物 21 类、490 只,2,4 滴丁酯样地获得土壤动物 21 类、605 只,噻吩磺隆样地获得土壤动物 20 类、543 只,这说明这几种除草剂对土壤动物的危害效应没有太大的区别。

## 1.2　土壤动物群落多样性对除草剂的响应

依据第 2 章第 4 节土壤动物多样性指数计算公式,对不同除草剂处理样地大型和中小型土壤动物群落的 Shannon-Wiener 多样性指数、Pielou 均匀度指数、Simpson 优势度指数进行计算,结果见表 6-3。

**表6-2　不同除草剂影响下中小型土壤动物种类组成和数量**

单位:只

| 序号 | 中小型土壤动物 | 对照样地 | | | | 乙草胺 | | | | 2,4滴丁酯 | | | | 噻吩磺隆 | | | | 合计 | 占总个体数的百分比/% | 多度 |
|---|---|---|---|---|---|---|---|---|---|---|---|---|---|---|---|---|---|---|---|---|
| | | 5月 | 7月 | 9月 | 小计 | 5月 | 7月 | 9月 | 小计 | 5月 | 7月 | 9月 | 小计 | 5月 | 7月 | 9月 | 小计 | | | |
| 1 | 甲螨亚目（Oribatida） | 281 | 159 | 114 | 554 | 110 | 51 | 108 | 269 | 108 | 43 | 138 | 289 | 133 | 80 | 81 | 294 | 1 406 | 51.16 | +++ |
| 2 | 中气门亚目（Mesostigmata） | 322 | 48 | 9 | 379 | 96 | 17 | 10 | 123 | 77 | 19 | 26 | 122 | 67 | 26 | 20 | 113 | 737 | 26.82 | +++ |
| 3 | 前气门亚目（Prostigmata） | 37 | 11 | 3 | 51 | 18 | 4 | 5 | 27 | 28 | 3 | 7 | 38 | 57 | 5 | 8 | 70 | 186 | 6.77 | ++ |
| 4 | 蚁科（Formicidae） | 5 | | | 5 | 2 | 2 | 7 | 11 | 6 | 75 | 21 | 102 | | | 10 | 10 | 128 | 4.66 | ++ |
| 5 | 棘跳虫科（Onychiuridae） | 48 | 8 | 3 | 59 | 12 | 5 | | 17 | 3 | | 5 | 8 | 7 | 1 | | 8 | 92 | 3.35 | ++ |
| 6 | 等节跳科（Isotomidae） | 13 | 10 | | 23 | 2 | 3 | | 5 | 5 | 2 | | 7 | 1 | | 1 | 2 | 37 | 1.35 | ++ |
| 7 | 隐翅甲科（Staphylinidae） | 6 | 1 | | 7 | 2 | 3 | 2 | 7 | 1 | 3 | 3 | 7 | 8 | 4 | 1 | 13 | 34 | 1.24 | ++ |
| 8 | 跳虫科（Poduridae） | 2 | 7 | | 9 | 1 | | 1 | 2 | 3 | | 7 | 10 | | | | | 21 | 0.76 | + |
| 9 | 虎甲科（Cicindelidae） | | | | | 1 | 4 | | 5 | 1 | | 1 | 2 | 8 | 2 | | 10 | 17 | 0.62 | + |
| 10 | 蚁甲科（Pselaphidae） | 2 | 1 | | 3 | 2 | | 1 | 3 | 2 | | | 2 | 5 | | | 5 | 13 | 0.47 | + |
| 11 | 长角跳科（Paronellidae） | 3 | | 1 | 4 | | | 2 | 2 | | | 6 | 6 | | | | | 12 | 0.44 | + |
| 12 | 长足虻科（Dolichopodadae） | 1 | | | 1 | 1 | | 1 | 2 | | 1 | | 1 | 3 | 1 | | 4 | 8 | 0.29 | + |
| 13 | 线蚓科（Enchytraeidae） | 1 | | | 1 | | 3 | 2 | 5 | | 1 | | 1 | | 1 | | 1 | 8 | 0.29 | + |
| 14 | 蝙蝠蛾科（Hepialidae） | 1 | | | 1 | | 2 | | 2 | 1 | | 1 | 2 | 1 | | 1 | 2 | 7 | 0.25 | + |
| 15 | 步甲科（Carabidae） | 1 | | | 1 | 1 | | 1 | 2 | 1 | | 1 | 2 | | | 1 | 1 | 6 | 0.22 | + |
| 16 | 舞虻科（Empididae） | 1 | | | 1 | | | | | 1 | | | 1 | 4 | | | 4 | 6 | 0.22 | + |
| 17 | 地蜈蚣目（Geophilomorpha） | | | | | | 2 | | 2 | | | | | | | 1 | 1 | 4 | 0.15 | + |

续表 6-2

| 序号 | 中小型土壤动物 | 对照样地 | | | | 乙草胺 | | | | 2,4 滴丁酯 | | | | 噻吩磺隆 | | | | 合计 | 占总个体数的百分比/% | 多度 |
|---|---|---|---|---|---|---|---|---|---|---|---|---|---|---|---|---|---|---|---|---|
| | | 5月 | 7月 | 9月 | 小计 | 5月 | 7月 | 9月 | 小计 | 5月 | 7月 | 9月 | 小计 | 5月 | 7月 | 9月 | 小计 | | | |
| 18 | 葬甲科 (Silphidae) | | | | | 1 | | | 1 | | | 1 | 1 | | 1 | | 1 | 3 | 0.11 | + |
| 19 | 叩甲科 (Elateridae) | | | | | | 1 | | 1 | | | | | 2 | | | 2 | 3 | 0.11 | + |
| 20 | 蚱总科 (Tetrigoidea) | | 1 | | 1 | | | | | | 1 | | 1 | | | 1 | 1 | 3 | 0.11 | + |
| 21 | 圆跳虫科 (Sminthuridae) | | 1 | 1 | 2 | | | | | | | | | | | | | 2 | 0.07 | - |
| 22 | 金龟甲科 (Scarabaeidae) | | 1 | 1 | 2 | | | | | | | | | | | | | 2 | 0.07 | - |
| 23 | 粪蚊科 (Scatopsidae) | 2 | | | 2 | | | | | | | | | | | | | 2 | 0.07 | - |
| 24 | 瘿蚊科 (Cecidomyiidae) | | 1 | | 1 | | 1 | | 1 | | | | | | | | | 2 | 0.07 | - |
| 25 | 摇蚊科 (Chironomidae) | | | | | | 2 | | 2 | | | | | | | | | 2 | 0.07 | - |
| 26 | 鹬虻科 (Rhagionidae) | | | | | | | | | | | 1 | 1 | 1 | | | 1 | 2 | 0.07 | - |
| 27 | 拟步甲科 (Tenebrionidae) | | | | | | | | | | 1 | 1 | 2 | | | | | 2 | 0.07 | - |
| 28 | 剑虻科 (Therevidae) | 1 | | | 1 | | | | | | | | | | | | | 1 | 0.04 | - |
| 29 | 蚋科 (Simuliidae) | | | | | | | | | | | | | | 1 | | 1 | 1 | 0.04 | - |
| 30 | 舟蛾科 (Notodontidae) | | | | | | 1 | | 1 | | | | | | | | | 1 | 0.04 | - |
| 31 | 蝼蛄总科 (Tridactyloidea) | | | | | | | | | | | 1 | 1 | | | | | 1 | 0.04 | - |
| | 总计 | 726 | 251 | 133 | 1110 | 249 | 101 | 140 | 490 | 238 | 150 | 217 | 605 | 299 | 121 | 123 | 543 | 2 748 | 100 | |
| | 类群数 | 16 | 14 | 8 | 21 | 13 | 15 | 11 | 21 | 14 | 11 | 12 | 21 | 15 | 9 | 8 | 20 | 31 | | |

注:+++为优势类群,占总数量的 10% 以上;++为常见类群,占总个体数量的 1%~10%;+为稀有类群,占总个体数量的 0.1%~1%;-为极稀有类群,占总个体数量的 0.1% 以下。

表 6-3　不同除草剂影响下土壤动物群落特征指数

| 土壤动物类型 | 项目 | 对照样地 | | | | 乙草胺 | | | | 2,4 滴丁酯 | | | | 噻吩磺隆 | | | |
|---|---|---|---|---|---|---|---|---|---|---|---|---|---|---|---|---|---|
| | | 5 月 | 7 月 | 9 月 | 合计 | 5 月 | 7 月 | 9 月 | 合计 | 5 月 | 7 月 | 9 月 | 合计 | 5 月 | 7 月 | 9 月 | 合计 |
| 大型 | 个体数 | 57 | 15 | 8 | 80 | 41 | 18 | 25 | 84 | 40 | 9 | 43 | 92 | 60 | 20 | 54 | 134 |
| | 类群数 | 8 | 6 | 2 | 12 | 10 | 5 | 8 | 16 | 11 | 6 | 4 | 15 | 14 | 6 | 3 | 17 |
| | 多样性 | 1.61 | 1.53 | 0.69 | 1.95 | 1.87 | 1.08 | 1.58 | 2.20 | 1.83 | 1.68 | 0.97 | 1.85 | 1.98 | 0.96 | 0.71 | 2.03 |
| | 均匀度 | 0.77 | 0.85 | 1.00 | 0.78 | 0.81 | 0.67 | 0.76 | 0.79 | 0.76 | 0.94 | 0.70 | 0.68 | 0.75 | 0.54 | 0.64 | 0.71 |
| | 优势度 | 0.28 | 0.26 | 0.50 | 0.10 | 0.21 | 0.48 | 0.27 | 0.24 | 0.23 | 0.21 | 0.47 | 0.14 | 0.20 | 0.58 | 0.54 | 0.30 |
| 中小型 | 个体数 | 726 | 251 | 133 | 1 110 | 249 | 101 | 140 | 490 | 238 | 150 | 217 | 605 | 299 | 121 | 123 | 543 |
| | 类群数 | 16 | 14 | 8 | 21 | 13 | 15 | 11 | 21 | 14 | 11 | 12 | 21 | 15 | 9 | 8 | 20 |
| | 多样性 | 1.23 | 1.11 | 0.60 | 1.20 | 1.25 | 1.64 | 0.94 | 1.35 | 1.36 | 1.32 | 1.21 | 1.47 | 1.45 | 1.01 | 1.11 | 1.36 |
| | 均匀度 | 0.56 | 0.53 | 0.33 | 0.52 | 0.64 | 0.71 | 0.45 | 0.59 | 0.62 | 0.60 | 0.62 | 0.64 | 0.70 | 0.56 | 0.53 | 0.57 |
| | 优势度 | 0.36 | 0.45 | 0.74 | 0.36 | 0.35 | 0.30 | 0.61 | 0.37 | 0.33 | 0.35 | 0.44 | 0.30 | 0.29 | 0.49 | 0.47 | 0.36 |

注:合计为该样地三次取样获得总土壤动物计算结果。

从表 6-3 可以看出,对照样地与喷施除草剂样地之间大型土壤动物群落多样性、均匀度及优势度等差异不明显,个体数和类群数在不同除草剂处理样地也有相同的表现。分析不同取样时间大型土壤动物个体数量和类群数特征,不论是哪种处理方式,5 月的个体数量和类群数均较高,7 月和 9 月偏低,对不同月份大型土壤动物群落特征指数进行单因素方差分析,显示不同月份土壤动物个体数和类群数及多样性指数差异性显著($F = 6.395, P = 0.019; F = 10.360, P = 0.005; F = 6.739, P = 0.016$),这说明取样时间对于大型土壤动物个体数和类群数及多样性指数具有明显的影响。而均匀度和优势度指数在不同取样时间差异不明显($F = 0.047, P = 0.954; F = 3.177, P = 0.090$)。

分析中小型土壤动物在对照样地与喷施除草剂样地不同月份的多样性指数、均匀度指数和优势度指数能够看出,喷施除草剂样地的土壤动物群落多样性指数及均匀度指数几乎都表现比对照样地高,而优势度指数表现为对照样地比喷施除草剂样地高,这主要是因为喷施除草剂会使土壤动物中优势类群的数量减少,导致不同土壤动物类群之间数量差异缩小,优势现象减弱。对不同除草剂影响样地中小型土壤动物群落特征指数整体进行分析结果与不同月份结果一致,也是群落多样性指数和均匀度指数表现为对照样地比喷施除草剂的样地低,优势度指数比喷施除草剂样地高。不同除草剂影响下土壤动物群落特征表现为 2,4 滴丁酯多样性指数和均匀度指数值最高,为 1.47 和 0.64,而优势度指数最低,为 0.30,其他两种除草剂的差异不大。从各个月份不同除草剂影响下中小型土壤动物群落特征指数分析来看,这种规律表现不是很明显,因此可以说明这三种农药对中小型土壤动物群落特征指数有明显的影响,但不同除草剂的影响效果差异不大。

分析除草剂对大型和中小型土壤动物的作用能够看出,除草剂对大型土壤动物影响不大,而中小型土壤动物群落受除草剂影响较明显,不同类型除草剂对土壤动物群落多样性指数的影响没有明显差别。

## 1.3　大型土壤动物生物量对除草剂的响应

试验测定了大型土壤动物的生物量湿重,对不同取样地大型土壤动物在不同取样时间和总的生物量进行统计分析,结果见图6-1。

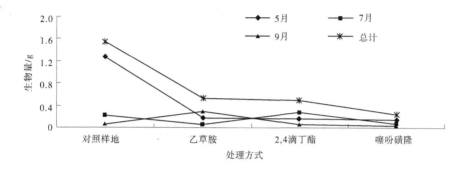

图6-1　不同除草剂影响下大型土壤动物生物量

从图6-1可以看出,在7月和9月不同样地大型土壤动物生物量值相差不大,生物量值均很小,最大值为9月乙草胺处理样地,生物量为0.301 g,最小值仅为0.036 8 g(9月噻吩磺隆);5月取样获得大型土壤动物生物量差异较大,最高为对照样地,生物量达1.280 1 g,最小为噻吩磺隆样地,为0.135 9 g;生物量总和在对照样地也比其他样地高,主要是由于5月取样在对照样地获得一个体较大的土壤动物,导致生物量偏高。以不同处理方式和不同月份对生物量的作用进行双因素方差分析显示其对生物量的影响不显著(不同处理方式:$F=0.961$,$P=0.470$;不同月份:$F=1.077$,$P=0.398$)。

## 1.4　土壤动物垂直结构对除草剂的响应

对调查的大型和中小型土壤动物个体数量、类群数分层进行统计,结果见表6-4。在对照样地和乙草胺、噻吩磺隆影响样地,大型土壤动物个体数量表现出5~10 cm土层最多,0~5 cm土层最少的现象,2,4滴丁酯影响样地表层土壤动物数量最高,5~10 cm土层最低;类群数量在对照样地和2,4滴丁酯处理样地表层最大,而乙草胺和噻吩磺隆处理样地表层类群数最小。可以看出除草剂影响下农田生态系统大型土壤动物在垂直方向上并未表现出表聚性特征,这与表层经常受到干扰有一定的关系;除草剂的施用未使大型土壤动物个体数和类群数的垂直结构发生明显的变化,不同除草剂之间也未表现出明显的差异性(个体数量:$F=0.765$,$P=0.545$;类群数:$F=1.757$,$P=0.233$)。

从中小型土壤动物个体数和类群数的垂直分布特征能够看出,不论是对照样地,还是施加除草剂的样地,中小型土壤动物个体数量大多表现出0~5 cm土层较高,向下层减少的变化趋势,这主要与不同层次的环境条件有关,土壤表层养分含量较高,有利于土壤动物生存,越向下层,土壤养分含量越少,不利于土壤动物生存;但对不同层次的类群数对比分析,表层和下层的差别不明显,没有表现出种类的表聚性特征。施加除草剂的样地中小型土壤动物个体数量在各个层次均比对照样地减少,但不同除草剂对各层次数量减少的程度有一定差异,喷施乙草胺的样地土壤动物数量减少幅度最大的为0~5 cm土层,最高出现在5月,数量由对照样地的245只,减少到51只,减少幅度达79.18%,向下层减小幅度逐渐降低;而喷施2,4滴丁酯和噻吩磺隆的样地土壤动物数量在0~5 cm土层减少幅度最小,而在10~15 cm土层减少幅度最大。对喷施除草剂样地和对照样地类群数分析能够看出,施加除草剂的样地在不同层次中小型土壤动物类群数表现情况不同,从整体来看,施加除草剂使表层土壤动物类群数量有所增加,下层类群数没有变化或略有下降,但对具体不同时期样地进行分析,这种表现又不具有普遍性,由此可以看出,除草剂对不同层次中小型土壤动物类群数的影响未表现出明显的规律性。

表6-4 不同除草剂影响下土壤动物群落垂直结构 单位:只

| 土壤动物类型 | 项目 | 土层 | 对照样地 | | | | 乙草胺 | | | | 2,4滴丁酯 | | | | 噻吩磺隆 | | | |
|---|---|---|---|---|---|---|---|---|---|---|---|---|---|---|---|---|---|---|
| | | | 5月 | 7月 | 9月 | 合计 | 5月 | 7月 | 9月 | 合计 | 5月 | 7月 | 9月 | 合计 | 5月 | 7月 | 9月 | 合计 |
| 大型土壤动物 | 个体数 | 0~5 cm | 19 | 5 | 4 | 25 | 7 | 6 | 7 | 20 | 24 | 3 | 13 | 40 | 7 | 7 | 11 | 25 |
| | | 5~10 cm | 21 | 6 | 2 | 69 | 28 | 7 | 11 | 46 | 7 | 1 | 8 | 16 | 32 | 6 | 31 | 69 |
| | | 10~15 cm | 21 | 4 | 4 | 40 | 15 | 3 | 9 | 27 | 9 | 5 | 22 | 36 | 21 | 7 | 12 | 40 |
| | 类群数 | 0~5 cm | 8 | 4 | 1 | 11 | 6 | 4 | 2 | 9 | 8 | 3 | 2 | 9 | 5 | 3 | 2 | 7 |
| | | 5~10 cm | 8 | 3 | 1 | 11 | 9 | 2 | 4 | 11 | 3 | 1 | 3 | 5 | 9 | 3 | 3 | 11 |
| | | 10~15 cm | 8 | 3 | 2 | 10 | 6 | 3 | 5 | 11 | 6 | 3 | 4 | 9 | 6 | 2 | 2 | 11 |
| 中小型土壤动物 | 个体数 | 0~5 cm | 245 | 147 | 73 | 465 | 51 | 56 | 53 | 160 | 155 | 63 | 120 | 338 | 148 | 73 | 69 | 290 |
| | | 5~10 cm | 217 | 61 | 37 | 315 | 54 | 28 | 28 | 110 | 69 | 58 | 58 | 185 | 84 | 40 | 39 | 163 |
| | | 10~15 cm | 264 | 43 | 23 | 330 | 144 | 17 | 59 | 220 | 50 | 29 | 39 | 118 | 67 | 8 | 15 | 90 |
| | 类群数 | 0~5 cm | 7 | 5 | 4 | 8 | 4 | 9 | 7 | 10 | 7 | 7 | 7 | 9 | 6 | 8 | 8 | 9 |
| | | 5~10 cm | 7 | 4 | 2 | 9 | 7 | 7 | 5 | 8 | 7 | 7 | 7 | 8 | 5 | 4 | 3 | 8 |
| | | 10~15 cm | 7 | 5 | 4 | 8 | 7 | 9 | 6 | 9 | 7 | 6 | 6 | 8 | 6 | 4 | 2 | 6 |

注:合计为该样地三次取样获得总土壤动物计算结果。

## 1.5 土壤动物与环境因子关系分析

对不同样地大型和中小型土壤动物个体数、类群数及大型土壤动物生物量与土壤环境因子进行相关性分析,结果见表6-5。大型土壤动物个体数与土壤pH、全磷之间具有显著相关性($r=0.679$,$P=0.015$;$r=0.577$,$P=0.050$),与其他环境因子之间无显著相关性;而类群数仅与全磷之间具有一定相关性($r=0.666$,$P=0.018$),与其他环境因子的相关性不明显;生物量与所分析的环境因子之间均未表现出具有相关性。

表 6-5　除草剂影响下土壤动物与环境因子相关系数

| 土壤动物类型 | 项目 | 含水量 | pH | 有机质 | 全氮 | 全磷 | 全钾 |
|---|---|---|---|---|---|---|---|
| 大型土壤动物 | 个体数 | -0.105 | 0.679* | 0.180 | 0.146 | 0.577* | 0.015 |
| | 类群数 | 0.161 | 0.159 | 0.278 | -0.301 | 0.666* | 0.435 |
| | 生物量 | 0.050 | 0.053 | -0.480 | -0.398 | -0.246 | 0.041 |
| 中小型土壤动物 | 个体数 | 0.025 | 0.158 | -0.472 | -0.411 | 0.092 | 0.018 |
| | 类群数 | 0.469 | -0.126 | 0.035 | -0.118 | -0.007 | 0.380 |

注: * 为双尾检验在 0.05 水平上显著相关。

分析中小型土壤动物与环境因子之间的关系显示,个体数和类群数与土壤环境因子没有明显的相关性,这与前人很多关于土壤动物与环境之间关系分析结果不一致,主要原因在于在进行调查取样过程中对土壤干扰程度较大,干扰在一定程度上打破了土壤动物原有的生存环境,导致土壤动物与环境因子之间的关系发生紊乱。

## 1.6　土壤动物与不同除草剂处理间的关系分析

对不同除草剂处理条件下大型和中小型土壤动物在 3 次调查获得的个体数量按目进行统计,对土壤动物个体数量在不同处理方式、不同调查时间和不同土壤动物类群之间进行多因素方差分析,分析结果见表 6-6。

表 6-6　土壤动物与不同除草剂处理及调查时间之间差异分析

| 土壤动物类型 | 变异来源 | SS | df | MS | F | Sig. |
|---|---|---|---|---|---|---|
| 大型土壤动物 | 校正模型 | 2 622.083[a] | 14 | 187.292 | 9.197 | 0.000 |
| | 动物类群 | 2 315.200 | 9 | 257.244 | 12.632 | 0.000 |
| | 调查时间 | 241.517 | 2 | 120.758 | 5.930 | 0.004 |
| | 处理方式 | 65.367 | 3 | 21.789 | 1.070 | 0.365 |
| | 误差 | 2 138.283 | 105 | 20.365 | | |
| | 总和 | 6 002.000 | 120 | | | |
| | 校正总和 | 4 760.367 | 119 | | | |

续表 6-6

| 土壤动物类型 | 变异来源 | SS | df | MS | F | Sig. |
|---|---|---|---|---|---|---|
| 中小型土壤动物 | 校正模型 | 179 404.152 | 15 | 11 960.277 | 11.791 | 0 |
| | 动物类群 | 159 863.136 | 10 | 15 986.314 | 15.760 | 0 |
| | 调查时间 | 12 110.773 | 2 | 6 055.386 | 5.970 | 0.003 |
| | 处理方式 | 7 430.242 | 3 | 2 476.747 | 2.442 | 0.068 |
| | 误差 | 117 663.485 | 116 | 1 014.340 | | |
| | 总和 | 354 276.000 | 132 | | | |
| | 校正总和 | 297 067.636 | 131 | | | |

分析表 6-6 可以看出,不同处理方式、不同调查时间和不同土壤动物类群对大型和中小型土壤动物个体数量影响达到高度显著程度($F = 9.197$, $P < 0.001$; $F = 11.791$, $P < 0.001$)。对 3 个因素分解分析表明,不同动物类群和调查时间大型和中小型土壤动物数量差异极显著(大型 $F = 12.632$, $P < 0.001$; $F = 5.930$, $P = 0.004$; 中小型 $F = 15.760$, $P < 0.001$; $F = 5.970$, $P = 0.003$),不同处理方式之间土壤动物数量差异不显著(大型 $F = 1.070$, $P = 0.365$; 中小型 $F = 2.442$, $P = 0.068$)。

综合除草剂对大型和中小型土壤动物研究结果可以看出,大型土壤动物群落在受到除草剂影响样地与未受其影响样地之间没有明显的差异,中小型土壤动物受除草剂影响比大型土壤动物明显,喷施除草剂使其个体数和类群数减少;不同类型除草剂对土壤动物的影响不存在明显的差异性,不同动物类群和不同调查时间对土壤动物数量具有显著影响;由于试验设计喷施浓度较低,对土壤动物群落的影响程度不大,这说明低浓度除草剂对土壤动物群落影响较小。

# 第 2 节　　土壤动物群落结构对杀虫剂的响应

## 2.1　土壤动物组成和数量对杀虫剂的响应

采用喷施 3 种不同类型杀虫剂的方法对试验样地进行处理,分 5 月、7 月、9 月 3 个不同时间进行杀虫剂影响试验,3 次调查共获得大型土壤动物 378 头,共 24 个类群(见表 6-7),中小型土壤动物 2 952 头,共 36 个类群(见表 6-8),隶属环节动物和节肢动物 2 门、4 纲、12 目。大型土壤动物中优势类群为蚁科和线蚓科,分别占总个体数的 57.67% 和 12.17%,常见类群包括虎甲科等 9 个类群,占总个体数的 24.87%,稀有类群包括芫菁科等 12 个类群,占总个体数的 5.29%;中小型土壤动物中优势类群为甲螨亚目和中气门亚目,分别占总个体数的 50.61% 和 28.32%,常见类群前气门亚目、棘跳虫科、蚁科、隐翅甲科和等节跳科等 5 类,共占总个体数的 18.12%,稀有类群和极稀有类群包括舞虻科等 29 类,共占总个体数的 2.95%。

表 6-7 不同类型杀虫剂影响下大型土壤动物种类组成和数量

单位:头

| 序号 | 大型土壤动物 | 空白对照 | | | | 阿维菌灭幼脲 | | | | 啶虫脒 | | | | 甲维盐 | | | | 合计 | 占总个体数的百分比/% | 多度 |
|---|---|---|---|---|---|---|---|---|---|---|---|---|---|---|---|---|---|---|---|---|
| | | 5月 | 7月 | 9月 | 小计 | 5月 | 7月 | 9月 | 小计 | 5月 | 7月 | 9月 | 小计 | 5月 | 7月 | 9月 | 小计 | | | |
| 1 | 蚁科(Formicidae) | 27 | 6 | | 33 | 46 | 4 | 31 | 81 | 18 | 19 | 16 | 53 | 10 | 41 | | 51 | 218 | 57.67 | +++ |
| 2 | 线蚓科(Enchytraeidae) | 9 | | 4 | 13 | 13 | | 2 | 15 | 6 | | 5 | 11 | 5 | | 2 | 7 | 46 | 12.17 | +++ |
| 3 | 虎甲科(Cicindelidae) | 1 | 1 | | 2 | 3 | | 1 | 4 | 8 | | 1 | 9 | 4 | | | 4 | 19 | 5.03 | ++ |
| 4 | 步甲科(Carabidae) | 7 | | | 7 | | | | | 2 | 1 | | 3 | 2 | | 1 | 3 | 13 | 3.44 | ++ |
| 5 | 蜘蛛目(Araneae) | | | 4 | 4 | 3 | | | 3 | 2 | | 1 | 3 | 1 | 2 | | 3 | 13 | 3.44 | ++ |
| 6 | 隐翅甲科(Staphylinidae) | 5 | | | 5 | 2 | | | 2 | 3 | | | 3 | 1 | 1 | 1 | 3 | 12 | 3.17 | ++ |
| 7 | 地蜈蚣目(Geophilomorpha) | 4 | | | 4 | 3 | | 1 | 4 | 2 | | 1 | 3 | | | | | 11 | 2.91 | ++ |
| 8 | 葬甲科(Silphidae) | 2 | 1 | | 3 | 3 | 1 | | 4 | 1 | | 1 | 2 | | | | | 9 | 2.38 | ++ |
| 9 | 金龟甲科(Scarabaeidae) | 2 | | | 2 | | | 1 | 1 | | | | | 4 | | | 4 | 7 | 1.85 | ++ |
| 10 | 蚁甲科(Pselaphidae) | | | | | 2 | | 1 | 3 | 2 | | | 2 | 1 | | | 1 | 6 | 1.59 | ++ |
| 11 | 蝙蝠蛾科(Hepialidae) | | 4 | | 4 | | | | | | | | | | | | | 4 | 1.06 | ++ |
| 12 | 叩甲科(Elateridae) | | | | | 1 | | | 1 | 1 | | | 1 | | | | | 2 | 0.53 | + |
| 13 | 芫菁科(Meloidae) | 1 | | | 1 | | | 1 | 1 | | | | | | | | | 2 | 0.53 | + |
| 14 | 瓢甲科(Coccinellidae) | | | | | | | | | | | | | 2 | | | 2 | 2 | 0.53 | + |

续表 6-7

| 序号 | 大型土壤动物 | 空白对照 5月 | 7月 | 9月 | 小计 | 阿维灭幼脲 5月 | 7月 | 9月 | 小计 | 哒虫脒 5月 | 7月 | 9月 | 小计 | 甲维盐 5月 | 7月 | 9月 | 小计 | 合计 | 占总个体数的百分比/% | 多度 |
|---|---|---|---|---|---|---|---|---|---|---|---|---|---|---|---|---|---|---|---|---|
| 15 | 食虫虻科(Asilidae) | | | 2 | 2 | | | | | | | | | | | | | 2 | 0.53 | + |
| 16 | 蝼蛄科(Gryllotalpidae) | 2 | | | 2 | | | | | | | | | | | | | 2 | 0.53 | + |
| 17 | 土蝽科(Cydnidae) | | | | | | | | | | | | | | | 2 | 2 | 2 | 0.53 | + |
| 18 | 卵(Egg) | | 2 | | 2 | | | | | | | | | | | | | 2 | 0.53 | + |
| 19 | 粪金龟科(Geotrupidae) | 1 | | | 1 | | | | | | | | | | | | | 1 | 0.26 | + |
| 20 | 舞虻科(Empididae) | | | | | | | | | | | | | 1 | | | 1 | 1 | 0.26 | + |
| 21 | 冬大蚊科(Trichoceridae) | | | | | | 1 | | 1 | | | | | | | | | 1 | 0.26 | + |
| 22 | 舟蛾科(Notodontidae) | | | | | 1 | | | 1 | | | | | | | | | 1 | 0.26 | + |
| 23 | 虾总科(Etrigoidea) | | | | | | | | | | | | | | 1 | | 1 | 1 | 0.26 | + |
| 24 | 宽蟒科 Veliidae | | 1 | | 1 | | | | 0 | | | | | | | | 0 | 1 | 0.26 | + |
| | 总计 | 61 | 15 | 10 | 86 | 77 | 8 | 36 | 121 | 45 | 22 | 23 | 90 | 31 | 45 | 5 | 81 | 378 | 100 | |
| | 类群数 | 11 | 6 | 3 | 16 | 10 | 5 | 5 | 13 | 10 | 4 | 4 | 10 | 10 | 4 | 3 | 12 | 24 | | |

注：+++为优势类群，占总数量的10%以上；++为常见类群，占总个体数量的1%~10%；+为稀有类群，占总个体数量的0.1%~1%。

表 6-8　不同类型杀虫剂影响下中小型土壤动物种类组成和数量

单位：头

| 序号 | 中小型土壤动物 | 空白对照 | | | | 阿维灭幼脲 | | | | 啶虫脒 | | | | 甲维盐 | | | | 合计 | 占总个体数的百分比/% | 多度 |
|---|---|---|---|---|---|---|---|---|---|---|---|---|---|---|---|---|---|---|---|---|
| | | 5月 | 7月 | 9月 | 小计 | 5月 | 7月 | 9月 | 小计 | 5月 | 7月 | 9月 | 小计 | 5月 | 7月 | 9月 | 小计 | | | |
| 1 | 甲螨亚目（Oribatida） | 281 | 159 | 114 | 554 | 94 | 78 | 79 | 251 | 150 | 35 | 87 | 272 | 183 | 68 | 166 | 417 | 1 494 | 50.61 | +++ |
| 2 | 中气门亚目（Mesostigmta） | 322 | 48 | 9 | 379 | 51 | 45 | 18 | 114 | 66 | 19 | 20 | 105 | 117 | 47 | 74 | 238 | 836 | 28.32 | +++ |
| 3 | 前气门亚目（Prostigmata） | 37 | 11 | 3 | 51 | 15 | 9 | 10 | 34 | 14 | 11 | 7 | 32 | 23 | 16 | 7 | 46 | 163 | 5.52 | ++ |
| 4 | 棘跳虫科 Onychiuridae | 48 | 8 | 3 | 59 | 5 | 3 | | 8 | 16 | 19 | | 35 | 38 | | | 38 | 140 | 4.74 | ++ |
| 5 | 蚁科（Formicidae） | 5 | | | 5 | 5 | 4 | 55 | 64 | | | | | 3 | 23 | 8 | 34 | 103 | 3.49 | ++ |
| 6 | 隐翅甲科（Staphylinidae） | 6 | 1 | | 7 | 18 | 2 | 3 | 23 | 11 | 3 | 5 | 19 | 15 | 1 | | 16 | 65 | 2.20 | ++ |
| 7 | 等节跳科（Isotomidae） | 13 | 10 | | 23 | 2 | 2 | | 4 | 3 | 5 | 7 | 15 | 15 | | 7 | 22 | 64 | 2.17 | ++ |
| 8 | 跳虫科（Poduridae） | 2 | 7 | | 9 | | | | | | | | | | | | | 9 | 0.30 | + |
| 9 | 舞虻科（Empididae） | 1 | | | 1 | 3 | | | 3 | 5 | | | 5 | | | | | 9 | 0.30 | + |
| 10 | 虎甲科（Cicindelidae） | | | | 0 | | 2 | | 2 | 1 | | 1 | 2 | 3 | 1 | | 4 | 8 | 0.27 | + |
| 11 | 步甲科（Carabidae） | | 1 | | 1 | 1 | | | 1 | | 1 | | 1 | 2 | | 2 | 4 | 7 | 0.24 | + |
| 12 | 蚁甲科（Pselaphidae） | 2 | 1 | | 3 | | | 1 | 1 | 1 | | | 1 | | 1 | | 1 | 6 | 0.20 | + |
| 13 | 长足虻科（Dolichopodidae） | 1 | | | 1 | | | 1 | 1 | 1 | | 1 | 2 | 1 | | | 1 | 5 | 0.17 | + |
| 14 | 线蚓科（Enchytraeidae） | 1 | | 1 | 2 | 1 | | | 1 | 1 | | | 1 | 1 | | | 1 | 5 | 0.17 | + |

续表 6-8

| 序号 | 中小型土壤动物 | 空白对照 | | | | 阿维灭幼脲 | | | | 啶虫脒 | | | | 甲维盐 | | | | 合计 | 占总个体数的百分比/% | 多度 |
|---|---|---|---|---|---|---|---|---|---|---|---|---|---|---|---|---|---|---|---|---|
| | | 5月 | 7月 | 9月 | 小计 | 5月 | 7月 | 9月 | 小计 | 5月 | 7月 | 9月 | 小计 | 5月 | 7月 | 9月 | 小计 | | | |
| 15 | 长角跳科（Entomobryidae） | 3 | | 1 | 4 | | | | | | | | | | | | | 4 | 0.14 | + |
| 16 | 叩甲科（Elateridae） | | | | | | | 1 | 1 | | | | | 2 | | 1 | 3 | 4 | 0.14 | + |
| 17 | 蝙蝠蛾科（Hepialidae） | 1 | 1 | | 2 | | | | | | | | | 1 | | | 1 | 3 | 0.10 | + |
| 18 | 圆跳科（Sminthuridae） | | 1 | 1 | 2 | | | | | | | | | | | | | 2 | 0.07 | − |
| 19 | 金龟甲科（Scarabaeidae） | | 1 | 1 | 2 | | | | | | | | | | | | | 2 | 0.07 | − |
| 20 | 长朽木甲科（Melandryidae） | | | | | | 1 | | 1 | | | | | | 1 | | 1 | 2 | 0.07 | − |
| 21 | 粪蚊科（Scatopsidae） | 2 | | | 2 | | | | | | | | | | | | | 2 | 0.07 | − |
| 22 | 瘿蚊科（Cecidomyiidae） | | 1 | | 1 | | | | | | 1 | | 1 | | | | | 2 | 0.07 | − |
| 23 | 剑虻科（Therevidae） | 1 | | | 1 | | | | | | 1 | | 1 | | | | | 2 | 0.07 | − |
| 24 | 蚋科（Simuliidae） | | 1 | | 1 | | 1 | | 1 | | | | | | | | | 2 | 0.07 | − |
| 25 | 蚱总科（Etrigoidea） | | | | | 1 | | | 1 | | | | | | | | | 2 | 0.07 | − |
| 26 | 棘跳科（Onychiuridae） | | | | | | | | | | | | | 1 | | | 1 | 1 | 0.03 | − |
| 27 | 拟步甲科（Tenebrionidae） | | | | | | | 1 | 1 | | | | | | | | | 1 | 0.03 | − |
| 28 | 红萤科（Lycidae） | | | | | | | | | | | | | | | 1 | 1 | 1 | 0.03 | − |

续表 6-8

| 序号 | 中小型土壤动物 | 空白对照 | | | | 阿维灭幼脲 | | | | 啶虫脒 | | | | 甲维盐 | | | | 合计 | 占总个体数的百分比/% | 多度 |
|---|---|---|---|---|---|---|---|---|---|---|---|---|---|---|---|---|---|---|---|---|
| | | 5月 | 7月 | 9月 | 小计 | 5月 | 7月 | 9月 | 小计 | 5月 | 7月 | 9月 | 小计 | 5月 | 7月 | 9月 | 小计 | | | |
| 29 | 苔甲科(Scydmaenidae) | | | | | | | | | | | 1 | 1 | | | | | 1 | 0.03 | − |
| 30 | 摇蚊科(Chironomidae) | | | | | | | | | | | 1 | 1 | | | | | 1 | 0.03 | − |
| 31 | 长角毛蚊科(Hesperinidae) | | | | | | | | | | 1 | | 1 | | | | | 1 | 0.03 | − |
| 32 | 鹬虻科(Rhagionidae) | | | | | 1 | | | 1 | | | | | | | | | 1 | 0.03 | − |
| 33 | 地蜈蚣目(Geophilomorpha) | | | | | | | | | | 1 | | 1 | | | | | 1 | 0.03 | − |
| 34 | 夜蛾科(Noctuidae) | | | | | | 1 | | 1 | | | | | | | | | 1 | 0.03 | − |
| 35 | 幺蚿科(Scolopendrellidae) | | | | | | | | | | | | | | | 1 | 1 | 1 | 0.03 | − |
| 36 | 土蝽科(Cydnidae) | | | | | | | | | | 1 | | 1 | | | | | 1 | 0.03 | − |
| | 总计 | 726 | 251 | 133 | 1 110 | 198 | 146 | 171 | 515 | 270 | 98 | 131 | 499 | 402 | 158 | 268 | 828 | 2 952 | 100 | |
| | 类群数 | 16 | 14 | 8 | 21 | 13 | 10 | 10 | 19 | 11 | 12 | 10 | 19 | 12 | 8 | 10 | 18 | 36 | | |

注:+++为优势类群,占总数量的10%以上;++为常见类群,占总个体数量的1%~10%,占总个体数量的0.1%~1%;+为稀有类群,占总个体数量的0.1%以下。

　　分析不同杀虫剂对大型土壤动物种类和数量影响可以看出,3 种类型杀虫剂施用未使大型土壤动物个体数明显减少,有的杀虫剂处理样地大型土壤动物甚至比对照样地还多,对照样地 3 次取样获得大型土壤动物共 86 头,施加阿维灭幼脲、啶虫脒和甲维盐杀虫剂的样地 3 次取样获得的大型土壤动物分别为 121 头、91 头和 81 头,这说明杀虫剂对于大型土壤动物群落个体总数量产生的影响不大,从每次取样获得的大型土壤动物个体数量也能够看出这一特征。杀虫剂对不同类群土壤动物影响差异较大,对照样地的优势类群蚁科和线蚓科个体数比受杀虫剂影响样地少,占总数的比例也最低,而常见类群和稀有类群在受杀虫剂影响的样地所占的比例比对照样地少,这说明杀虫剂处理对优势类群蚁科和线蚓科的影响不大,甚至会导致其数量增多,但对于数量较少的类群影响较大。对大型土壤动物类群数分析显示对照样地类群数比 3 种杀虫剂影响样地类群数多,对照样地 3 次取样获得土壤动物类群数为 16 类,而 3 种杀虫剂影响样地获得的大型土壤动物类群数分别为 13、10 和 12 类,明显少于对照样地,不同月份取样获得的类群数除 9 月对照样地类群数比较少外,其他两次在对照样地都明显高于杀虫剂处理样地,这进一步说明杀虫剂对于常见类群和稀有类群影响较大,而对于优势类群的影响较小。

　　中小型土壤动物个体数和类群数在对照样地比喷施杀虫剂的样地多,对照样地 3 次共获得中小型土壤动物 21 个类群、1 110 只,而施加阿维灭幼脲、啶虫脒和甲维盐的样地获得的动物个体数分别为 515 只、499 只和 828 只,获得的动物类群数分别为 19 类、19 类、18 类,均少于对照样地,这说明杀虫剂对中小型土壤动物会造成一定的伤害,使个体数和类群数减少。每次取样获得的土壤动物个体数和类群数特征除在 9 月出现喷施杀虫剂样地较多外,其他均表现出对照样地个体数和类群数最高。杀虫剂对于不同类群中小型土壤动物的影响与大型土壤动物不同,喷施杀虫剂的样地优势类群个体数所占的比例较对照样地低,3 种杀虫剂影响下优势类群甲螨亚目和中气门亚目占群落个体总数的比例分别为 70.87%、75.55% 和 79.11%,而对照样地甲螨亚目和中气门亚目共占总个体数量的 84.05%。分析 3 种杀虫剂对中小型土壤动物个体数和类群数影响的程度能够看出喷施杀虫剂并未导致中小型土壤动物大量减少,原因是土壤动物个体数和类群数随农药喷施浓度增高而降低,本次试验研究设置的杀虫剂喷施浓度较低,完全是依据说明书喷施浓度进行配置的。

　　杀虫剂的喷施对中小型土壤动物个体数和类群数影响比大型土壤动物要明显得多,主要是因为大型土壤动物个体相对较大,对农药的耐受性能较强,杀虫剂的喷施不会导致其发生明显的变化,中小型土壤动物受环境污染的影响比大型土壤动物更明显,但低浓度的杀虫剂不会对其造成严重的影响。本次试验取样工作是在喷施杀虫剂后第五天进行的,在农药刚喷施后以及更长时间作用后土壤动物群落特征没有进行分析。

## 2.2　土壤动物群落多样性对杀虫剂的响应

　　依据第 2 章第 4 节土壤动物多样性指数计算公式,对不同杀虫剂处理样地大型和中小型土壤动物群落的 Shannon-Wiener 多样性指数、Pielou 均匀度指数、Simpson 优势度指数及 Margalef 丰富度指数进行计算,结果见表 6-9。大型土壤动物 Shannon-Wiener 指数在不同处理方式的 3 个取样时间内差异较大($F = 5.471, P = 0.015$),5 月多样性指数均高于

7月和9月,而不同杀虫剂处理样地之间群落多样性指数差异不明显($F = 0.016$, $P = 0.997$);丰富度指数在不同月份的差异性显著($F = 10.293$, $P = 0.011$),在不同处理样地差异不明显($F = 0.308$, $P = 0.819$);大型土壤动物的均匀度指数和优势度指数在不同处理样地和不同取样时间差异不明显。

表6-9 不同杀虫剂作用下土壤动物群落特征指数

| 土壤动物类型 | 指数类型 | 空白对照 | | | | 阿维灭幼脲 | | | | 啶虫脒 | | | | 甲维盐 | | | |
|---|---|---|---|---|---|---|---|---|---|---|---|---|---|---|---|---|---|
| | | 5月 | 7月 | 9月 | 合计 | 5月 | 7月 | 9月 | 合计 | 5月 | 7月 | 9月 | 合计 | 5月 | 7月 | 9月 | 合计 |
| 大型土壤动物 | 多样性指数 $H'$ | 1.81 | 1.53 | 1.05 | 2.16 | 1.42 | 1.39 | 0.59 | 1.31 | 1.85 | 0.57 | 0.86 | 1.47 | 1.98 | 0.39 | 1.05 | 1.48 |
| | 均匀度指数 $J$ | 0.76 | 0.85 | 0.96 | 0.78 | 0.62 | 0.86 | 0.37 | 0.51 | 0.80 | 0.41 | 0.62 | 0.64 | 0.86 | 0.28 | 0.96 | 0.60 |
| | 优势度指数 $S$ | 0.25 | 0.26 | 0.36 | 0.19 | 0.39 | 0.31 | 0.75 | 0.47 | 0.22 | 0.69 | 0.53 | 0.37 | 0.18 | 0.83 | 0.36 | 0.41 |
| | 丰富度指数 $M$ | 2.43 | 1.85 | 0.87 | 3.37 | 2.07 | 1.92 | 1.12 | 2.50 | 2.36 | 0.96 | 0.96 | 2.00 | 2.62 | 0.79 | 1.24 | 2.50 |
| 中小型土壤动物 | 多样性指数 $H'$ | 1.32 | 1.26 | 0.63 | 1.32 | 1.55 | 1.27 | 1.37 | 1.56 | 1.34 | 1.79 | 1.18 | 1.48 | 1.49 | 1.36 | 1.07 | 1.44 |
| | 均匀度指数 $J$ | 0.48 | 0.48 | 0.30 | 0.43 | 0.60 | 0.55 | 0.59 | 0.53 | 0.56 | 0.72 | 0.51 | 0.50 | 0.60 | 0.66 | 0.46 | 0.50 |
| | 优势度指数 $S$ | 0.35 | 0.44 | 0.74 | 0.37 | 0.31 | 0.30 | 0.31 | 0.31 | 0.30 | 0.47 | 0.35 | 0.31 | 0.31 | 0.46 | 0.34 |
| | 丰富度指数 $M$ | 2.28 | 2.35 | 1.43 | 2.85 | 2.27 | 1.81 | 1.75 | 2.88 | 1.79 | 2.40 | 1.85 | 2.90 | 1.83 | 1.38 | 1.61 | 2.53 |

注:合计为该样地三次取样获得总土壤动物计算结果。

中小型土壤动物群落 Shannon-Wiener 多样性指数、Pielou 均匀度指数、Simpson 优势度指数在不同月份之间差异性比较明显,在不同杀虫剂处理样地之间差异不大,丰富度指数在不同月份和不同处理样地间差异性均不明显。

综合上述分析可以看出,杀虫剂处理对土壤动物群落多样性影响不大,但不同取样时间很大情况下对群落多样性指数会造成一定影响。

## 2.3 土壤动物垂直结构对杀虫剂的响应

对不同杀虫剂处理样地土壤动物个体数和类群数进行分层统计,结果见表6-10。从表中可以看出,不论是大型土壤动物还是中小型土壤动物,个体数和类群数在对照样地与其他杀虫剂处理的样地在垂直方向上的分布并未表现出明显的差异性。

表6-10 不同杀虫剂作用下土壤动物群落垂直结构

| 土壤动物类型 | 项目 | 土壤分层 | 空白对照 | | | | 阿维灭幼脲 | | | | 啶虫脒 | | | | 甲维盐 | | | |
|---|---|---|---|---|---|---|---|---|---|---|---|---|---|---|---|---|---|---|
| | | | 5月 | 7月 | 9月 | 合计 | 5月 | 7月 | 9月 | 合计 | 5月 | 7月 | 9月 | 合计 | 5月 | 7月 | 9月 | 合计 |
| 大型土壤动物 | 个体数 | 0~5 cm | 19 | 5 | 4 | 28 | 26 | 4 | 7 | 37 | 22 | 0 | 9 | 31 | 5 | 23 | 3 | 31 |
| | | 5~10 cm | 21 | 6 | 2 | 29 | 18 | 4 | 13 | 35 | 7 | 5 | 8 | 20 | 26 | 16 | 1 | 43 |
| | | 10~15 cm | 21 | 4 | 4 | 29 | 33 | 0 | 16 | 49 | 16 | 18 | 6 | 40 | | 6 | 1 | 7 |
| | 类群数 | 0~5 cm | 8 | 4 | 1 | 11 | 4 | 4 | 2 | 10 | 6 | 0 | 2 | 6 | 4 | 3 | 2 | 8 |
| | | 5~10 cm | 8 | 3 | 1 | 10 | 5 | 2 | 1 | 5 | 4 | 4 | 2 | 7 | 10 | 2 | 1 | 11 |
| | | 10~15 cm | 8 | 3 | 2 | 11 | 7 | 0 | 4 | 8 | 9 | 2 | 3 | 10 | 0 | 2 | 1 | 3 |

**续表 6-10**

| 土壤动物类型 | 项目 | 土壤分层 | 空白对照 | | | | 阿维灭幼脲 | | | | 啶虫脒 | | | | 甲维盐 | | | |
|---|---|---|---|---|---|---|---|---|---|---|---|---|---|---|---|---|---|---|
| | | | 5月 | 7月 | 9月 | 合计 | 5月 | 7月 | 9月 | 合计 | 5月 | 7月 | 9月 | 合计 | 5月 | 7月 | 9月 | 合计 |
| 中小型土壤动物 | 个体数 | 0~5 cm | 245 | 147 | 73 | 465 | 84 | 107 | 67 | 258 | 109 | 48 | 70 | 227 | 151 | 88 | 116 | 355 |
| | | 5~10 cm | 217 | 61 | 37 | 315 | 65 | 24 | 73 | 162 | 87 | 28 | 39 | 154 | 104 | 47 | 88 | 239 |
| | | 10~15 cm | 264 | 43 | 23 | 330 | 49 | 15 | 31 | 95 | 74 | 22 | 22 | 118 | 147 | 23 | 64 | 234 |
| | 类群数 | 0~5 cm | 10 | 5 | 7 | 13 | 7 | 8 | 8 | 12 | 9 | 10 | 7 | 15 | 6 | 6 | 6 | 9 |
| | | 5~10 cm | 11 | 2 | 2 | 15 | 9 | 4 | 6 | 12 | 7 | 5 | 5 | 9 | 10 | 4 | 8 | 13 |
| | | 10~15 cm | 10 | 9 | 4 | 14 | 8 | 6 | 3 | 10 | 9 | 5 | 5 | 10 | 6 | 6 | 6 | 13 |

注：合计为该样地三次取样获得总土壤动物计算结果。

　　大型土壤动物个体数量 3 次取样获得的总数在对照样地、阿维灭幼脲处理样地、啶虫脒样地均表现出 10~15 土层数量最高的现象，甲维盐处理样地表现出 5~10 cm 土层个体数最多，而在 4 个样地中 0~5 cm 土层大型土壤动物总个体数量在三个土层中均不是最大，类群数在不同处理样地的几次调查中也有很多下层比表层多的情况，这说明大型土壤动物个体数和类群数表聚性不明显。

　　中小型土壤动物个体数在不同样地都表现出明显的表层数量最多，越向下层数量越少的特征，这与表层土壤养分含量较高，利于中小型土壤动物生存有关系；类群数在垂直方向的分布在阿维灭幼脲处理样地和啶虫脒处理样地表现出表层最多的现象，而对照样地和甲维盐处理样地表层类群数少于下层。

## 2.4　杀虫剂作用下土壤动物与环境因子的关系分析

　　对杀虫剂作用下大型和中小型土壤动物个体数、类群数与土壤环境因子进行相关性分析，结果见表6-11。对其进行分析可以看出，大型和中小型土壤动物与土壤环境因子之间相关性均不是很明显，相关系数最高的为中小型土壤动物类群数与全氮因子，相关系数为-0.465，没有达到显著相关的程度。导致这一现象的原因与取样过程中造成的干扰有关，比较强烈的干扰导致土壤动物群落组成和结构发生变化，导致环境因子对其影响显现不明显。

**表 6-11　除草剂影响下土壤动物与环境因子相关系数**

| 土壤动物类型 | 项目 | 含水量 | pH | 有机质 | 全氮 | 全磷 | 全钾 |
|---|---|---|---|---|---|---|---|
| 大型土壤动物 | 个体数 | 0.344 | -0.045 | -0.080 | -0.009 | 0.286 | 0.344 |
| | 类群数 | 0.270 | -0.065 | 0.070 | -0.195 | 0.184 | 0.270 |
| 中小型土壤动物 | 个体数 | 0.418 | 0.003 | 0.138 | -0.437 | 0.218 | 0.418 |
| | 类群数 | 0.271 | -0.083 | -0.207 | -0.465 | -0.018 | 0.271 |

## 2.5　土壤动物与不同杀虫剂处理间关系

对不同杀虫剂处理条件下大型和中小型土壤动物 3 次调查获得的个体数量按目进行统计,分别对大型和中小型土壤动物个体数量在不同处理方式、不同调查时间和不同土壤动物类群之间的差异性进行分析,结果见表 6-12。

分析表 6-12 可以看出,不同处理方式、不同调查时间和不同土壤动物类群对大型和中小型土壤动物个体数量影响达到高度显著程度($F = 8.691, P < 0.001; F = 15.512, P < 0.001$)。对 3 个因素分解分析表明,调查时间对大型和中小型土壤动物数量影响极显著($F = 5.086, P = 0.008; F = 5.793, P = 0.004$),不同处理方式对大型和中小型土壤动物影响均不显著($F = 0.386, P = 0.764; F = 2.315, P = 0.079$),不同动物类群之间个体数量差异极其显著($F = 12.707, P < 0.001; F = 20.878, P < 0.001$)。

表 6-12　土壤动物与不同杀虫剂处理及调查时间之间差异分析

| 土壤动物类型 | 变异来源 | SS | df | MS | F | Sig. |
|---|---|---|---|---|---|---|
| 大型<br>土壤动物 | 校正模型 | 3 688.648 | 13 | 282.204 | 8.691 | 0 |
| | 调查时间 | 330.296 | 2 | 165.148 | 5.086 | 0.008 |
| | 处理方式 | 37.556 | 3 | 12.519 | 0.386 | 0.764 |
| | 动物类群 | 3 300.796 | 8 | 412.600 | 12.707 | 0 |
| | 误差 | 3 052.315 | 94 | 32.471 | | |
| | 总和 | 8 030.000 | 108 | | | |
| | 校正总和 | 6 720.963 | 107 | | | |
| 中小型<br>土壤动物 | 校正模型 | 250 987.306 | 16 | 15 686.707 | 15.512 | 0 |
| | 调查时间 | 11 716.764 | 2 | 5 858.382 | 5.793 | 0.004 |
| | 处理方式 | 7 023.799 | 3 | 2 341.266 | 2.315 | 0.079 |
| | 动物类群 | 232 246.743 | 11 | 21 113.340 | 20.878 | 0 |
| | 误差 | 128 428.687 | 127 | 1 011.250 | | |
| | 总和 | 439 973.000 | 144 | | | |
| | 校正总和 | 379 415.993 | 143 | | | |

# 第 3 节　土壤动物群落结构对低浓度 2,4 滴丁酯的响应

## 3.1　土壤动物组成和数量对低浓度 2,4 滴丁酯的响应

试验共获得土壤动物 18 655 个,隶属环节动物和节肢动物 2 门、4 纲、12 目、39 类,其中优势类群为甲螨亚目和前气门亚目,分别占总个体数量的 62.40% 和 27.46%,常见类群有管蓟马科、摇蚊科幼虫和蚁科,分别占总个体数量的 3.13%、1.76% 和 1.32%,稀有类群和极稀有类群共 34 类,占总个体数量的 3.93%,具体结果见表 6-13。

表 6-13　除草剂 2,4 滴丁酯影响下土壤动物种类组成及数量特征　　　单位:个

| 序号 | 土壤动物类群 | 2,4 滴丁酯浓度/( g/L) | | | | | 合计 | 占总数百分比/% | 多度 |
| | | 0 | 0.10 | 0.16 | 0.25 | 0.40 | | | |
|---|---|---|---|---|---|---|---|---|---|
| 1 | 甲螨亚目( Oribatida) | 2 596 | 2 391 | 2 152 | 2 399 | 2 102 | 11 640 | 62.40 | +++ |
| 2 | 前气门亚目( Prostigmata) | 1 097 | 1 214 | 992 | 1 055 | 764 | 5 122 | 27.46 | +++ |
| 3 | 管蓟马科( Phlaeothripidae) | 124 | 130 | 104 | 105 | 120 | 583 | 3.13 | ++ |
| 4 | 摇蚊科幼虫( Cheronomidae larvae) | 69 | 69 | 61 | 72 | 58 | 329 | 1.76 | ++ |
| 5 | 蚁科( Formicidae) | 50 | 43 | 56 | 43 | 55 | 247 | 1.32 | ++ |
| 6 | 中气门亚目( Mesostigmata) | 59 | 24 | 31 | 34 | 35 | 183 | 0.98 | + |
| 7 | 等节跳科( Isotomidae) | 28 | 43 | 29 | 39 | 27 | 166 | 0.89 | + |
| 8 | 郭公虫科幼虫( Cleridae larvae) | 10 | 18 | 13 | 10 | 9 | 60 | 0.32 | + |
| 9 | 步甲科幼虫( Carabidae larvae) | 7 | 16 | 10 | 5 | 2 | 40 | 0.21 | + |
| 10 | 蜘蛛目( Araneae) | 10 | 6 | 9 | 10 | 4 | 39 | 0.21 | + |
| 11 | 隐翅虫科幼虫( Staphylinidae larvae) | 6 | 9 | 3 | 13 | 7 | 38 | 0.20 | + |
| 12 | 鞘翅目幼虫( Coleoptera larvae) | 6 | 9 | 3 | 10 | 8 | 36 | 0.19 | + |
| 13 | 步甲科成虫( Carabidae adult) | 9 | 7 | 6 | 3 | 3 | 28 | 0.15 | + |
| 14 | 圆跳科( Sminthuridae) | 4 | 7 | 8 | 3 | 1 | 23 | 0.12 | + |
| 15 | 鳞跳科( Tomoceridae) | 2 | 6 | 6 | 4 | 1 | 19 | 0.10 | + |
| 16 | 舞虻科幼虫( Empididae larvae) | 4 | 4 | | 3 | 1 | 12 | 0.06 | - |
| 17 | 绢跳科( Oncopoduridae) | 3 | 0 | 5 | | 3 | 11 | 0.06 | - |
| 18 | 线蚓科( Enchytraeidae) | 2 | 3 | 3 | 2 | 1 | 11 | 0.06 | - |
| 19 | 小蜂总科( Chalcidoidea) | 4 | 2 | | 1 | 3 | 10 | 0.05 | - |
| 20 | 棘跳科( Onychiuridae) | 1 | 2 | 1 | | 3 | 8 | 0.04 | - |
| 21 | 瘿蚊科幼虫( Cecidomyiidae larvae) | 4 | | | | 3 | 7 | 0.04 | - |
| 22 | 剑虻科幼虫( Therevidae larvae) | 2 | | 3 | | 1 | 6 | 0.03 | - |
| 23 | 夜蛾科幼虫( Noctuidae larvae) | 3 | | | 1 | 1 | 5 | 0.03 | - |
| 24 | 瓢虫科成虫( Coccinellidae adult) | 2 | 3 | | | | 5 | 0.03 | - |
| 25 | 露尾甲科成虫( Nitidulidae adult) | 1 | 2 | | 1 | | 4 | 0.02 | - |
| 26 | 隐食甲科成虫( Cryptophagidae adult) | | 1 | | 2 | 1 | 4 | 0.02 | - |
| 27 | 龟甲科成虫( Cassidae adult) | 1 | | 1 | | | 2 | 0.01 | - |
| 28 | 水虻科幼虫( Stratiomyiidae larvae) | 1 | | | 1 | | 2 | 0.01 | - |
| 29 | 土蝽科( Cydnidae) | | 1 | | | 1 | 2 | 0.01 | - |

续表 6-13

| 序号 | 土壤动物类群 | 2,4 滴丁酯浓度/(g/L) | | | | | 合计 | 占总数百分比/% | 多度 |
| --- | --- | --- | --- | --- | --- | --- | --- | --- | --- |
| | | 0 | 0.10 | 0.16 | 0.25 | 0.40 | | | |
| 30 | 闫甲成虫(Histeridae adult) | 1 | | | 1 | | 2 | 0.01 | - |
| 31 | 金龟甲成虫(Scarabaeidae adult) | 1 | | | 1 | | 2 | 0.01 | - |
| 32 | 长足虻科幼虫(Dolichopodidae larvae) | 1 | | | | 1 | 2 | 0.01 | - |
| 33 | 水龟甲科成虫(Hydrophilidae adult) | | | 1 | | | 1 | 0.01 | - |
| 34 | 大蚊科幼虫(Tipulidae larvae) | 1 | | | | | 1 | 0.01 | - |
| 35 | 石蜈蚣目(Lithobiomorpha) | | 1 | | | | 1 | 0.01 | - |
| 36 | 栉螨科(Ceratocombidae) | | 1 | | | | 1 | 0.01 | - |
| 37 | 蚁甲科成虫(Pselaphidae adult) | | | 1 | | | 1 | 0.01 | - |
| 38 | 金龟甲科幼虫(Scarabaeidae larvae) | | 1 | | | | 1 | 0.01 | - |
| 39 | 蝼地甲科成虫(Scaritidae adult) | 1 | | | | | 1 | 0.01 | - |
| | 总计 | 4 110 | 4 013 | 3 498 | 3 821 | 3 213 | 18 655 | 100.00 | |
| | 类群 | 32 | 27 | 22 | 25 | 26 | 39 | | |

对不同浓度影响下土壤动物的个体数量和类群数的特征进行分析可以看出,未受 2,4 滴丁酯影响的样品中获得的土壤动物个体数量和类群数均高于受农药污染的样品,但高出程度并不很大;对土壤动物个体数量和类群数与污染浓度进行相关分析发现土壤动物数量与污染浓度之间具有明显的负相关性,相关系数为 $-0.856$($P<0.05$),类群数与污染浓度之间并未表现出明显的相关性,但未受除草剂影响的样品中获得的土壤动物类群数量明显多于其他样品,共获得土壤动物 32 类,占总获得土壤动物类群数的 82.05%,数量的变化主要是由优势类群和常见类群的增减所决定的,种类数的减少主要取决于稀有类群和极稀有类群的变化,这与前人对于其他除草剂研究的结果基本一致,但由于本次研究设置的喷施浓度偏低,最高仅达到农田喷施标准浓度的 3~4 倍,土壤动物种类数未出现显著降低的情况,不同浓度影响下土壤动物种类、数量差异并不大,这说明低浓度除草剂 2,4 滴丁酯对土壤动物群落有一定影响,但影响程度不大。

## 3.2 土壤动物个体数量和类群数对不同染毒历时的响应

对不同染毒历时影响下土壤动物个体数量和类群数量进行统计,结果见表 6-14。从表 6-14 中可以看出,不论是不同浓度处理样地还是整体的表现,不同历时时间土壤动物个体数量和类群数均有一定的变化,表现为 24 h 或 48 h 土壤动物个体数量和类群数量最多,72 h 土壤动物个体数量和类群数量最少,这说明低浓度 2,4 滴丁酯处理不同历时时间下土壤动物个体数和类群数会有一定的变化,但并未表现出随染毒时间增长而持续升高或降低的趋势。

表 6-14　除草剂 2,4 滴丁酯染毒历时条件下土壤动物个体数量及类群数

| 污染历时/h | 分项 | 不同 2,4 滴丁酯浓度影响下土壤动物个体数量和类群数 | | | | | 合计 |
| --- | --- | --- | --- | --- | --- | --- | --- |
| | | 0 | 0.10 | 0.16 | 0.25 | 0.40 | |
| 12 | Ind. | 936 | 1 012 | 897 | 985 | 843 | 4 673 |
| | N | 24 | 19 | 14 | 16 | 16 | 30 |
| 24 | Ind. | 1 197 | 1 252 | 1 133 | 1 259 | 1 191 | 6 032 |
| | N | 19 | 21 | 17 | 15 | 17 | 31 |
| 48 | Ind. | 1 228 | 1 149 | 929 | 1 089 | 615 | 5 010 |
| | N | 20 | 19 | 19 | 18 | 16 | 30 |
| 72 | Ind. | 749 | 600 | 539 | 488 | 564 | 2 940 |
| | N | 17 | 11 | 14 | 16 | 11 | 21 |

注:浓度单位 g/L;Ind. 为个体数量;N 为类群数。

### 3.3　土壤动物群落多样性对除草剂 2,4 滴丁酯的响应

根据第 2 章第 4 节所述群落特征指数计算公式对不同浓度 2,4 滴丁酯影响后不同时间土壤动物的 Shannon-Wiener 多样性指数、Pielou 均匀度指数和 Simpson 优势度指数进行计算,结果见图 6-2。

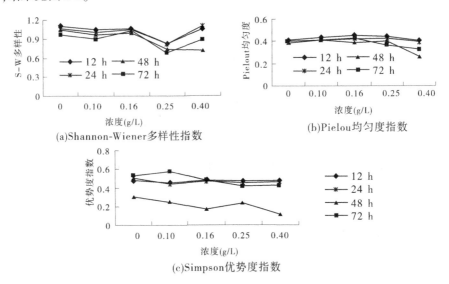

图 6-2　除草剂 2,4 滴丁酯影响下土壤动物群落特征指数

从图 6-2 可以看出,不同浓度 2,4 滴丁酯作用下土壤动物群落多样性指数整体表现为随浓度增加逐渐降低,但也有例外情况,在 0.4 g/L 浓度情况下多样性指数偏高;由均匀度指数分析可以看出,随着浓度的增高,均匀度指数表现出一定增加趋势,但增加幅度不大;优势度分析显示随着浓度增加,土壤动物优势度指数降低。不同历时时间测得优势

度相差较大,染毒后 48 h 优势度指数最低,72 h 又有一定增加;多样性指数和均匀度指数在不同历时时间段内相差不大。

## 3.4 不同类群土壤动物对除草剂 2,4 滴丁酯的响应

优势类群和常见类群的数量在群落中所占比例大,除草剂污染后对优势类群和常见类群数量影响较大,本次试验获得的土壤动物类群中,优势类群为蜱螨目,占动物总数量的 90.84%,其中的甲螨亚目和前气门亚目所占比例最大,分别占动物总数量的 62.40% 和 27.46%,是土壤动物的优势类群,常见类群包括管蓟马科、摇蚊科和蚁科,对不同浓度影响和不同染毒时间下优势类群和常见类群的数量及其所占百分比进行统计分析,结果见表 6-15。

表 6-15 不同浓度和染毒时间条件下优势类群和常见类群数量变化

| 项目 | | 甲螨亚目 (Oribatida) | | 前气门亚目 (Prostigmata) | | 管蓟马科 (Phlaeothripidae) | | 摇蚊科 (Chironomidae) | | 蚁科 (Formicidae) | | 其他类群 | |
|---|---|---|---|---|---|---|---|---|---|---|---|---|---|
| | | N | % | N | % | N | % | N | % | N | % | N | % |
| 浓度/ (g/L) | 0 | 2 596 | 63.16 | 1 097 | 26.69 | 124 | 3.02 | 69 | 1.68 | 50 | 1.22 | 174 | 4.23 |
| | 0.10 | 2 391 | 59.58 | 1 214 | 30.25 | 130 | 3.24 | 69 | 1.72 | 43 | 1.07 | 166 | 4.14 |
| | 0.16 | 2 152 | 61.52 | 992 | 28.36 | 104 | 2.97 | 61 | 1.74 | 56 | 1.60 | 133 | 3.80 |
| | 0.25 | 2 399 | 62.78 | 1 055 | 27.61 | 105 | 2.75 | 72 | 1.88 | 43 | 1.13 | 147 | 3.85 |
| | 0.40 | 2 102 | 65.06 | 764 | 23.65 | 120 | 3.71 | 58 | 1.80 | 55 | 1.70 | 114 | 4.09 |
| 时间/h | 12 | 2 895 | 61.52 | 1 300 | 27.62 | 137 | 2.91 | 114 | 2.42 | 60 | 1.27 | 200 | 4.25 |
| | 24 | 3 524 | 58.10 | 1 913 | 31.54 | 207 | 3.41 | 109 | 1.80 | 81 | 1.34 | 231 | 3.81 |
| | 48 | 3 120 | 61.95 | 1 323 | 26.27 | 185 | 3.67 | 73 | 1.45 | 66 | 1.31 | 269 | 5.34 |
| | 72 | 2 101 | 70.96 | 586 | 19.79 | 54 | 1.82 | 33 | 1.11 | 40 | 1.35 | 147 | 4.96 |

注:N 为个体数量,% 为占该浓度总数量的百分比。

从表 6-15 可以看出,不同浓度处理条件下优势类群、常见类群和其他类群土壤动物个体数量多表现出随浓度增加而减少的趋势,每种动物类群个体数所占总个体数的百分比随浓度增加并没有明显的规律;随着染毒时间的增长,每类土壤动物的个体数量也呈现出减少的趋势,但占总数量的比例具有不同变化趋势,甲螨亚目与蚁科所占比例有增加趋势,而前气门亚目、管蓟马科、摇蚊科表现为随着染毒时间增长逐渐降低。

# 第 4 节 本章小结

不同类型的除草剂野外喷施对土壤动物群落结构作用分析结果显示,低浓度除草剂对大型土壤动物群落结构影响不大,中小型土壤动物群落受除草剂的影响比较明显,除草剂的喷施导致中小型土壤动物个体数量减少。野外低浓度杀虫剂喷施也未导致大型土壤动物个体数减少,但导致其类群数明显减少;对于中小型土壤动物群落来说,杀虫剂的施用对其影响较大,会导致其个体数和类群数减少,但因本次试验设置的喷施浓度较低,未

导致中小型土壤动物大量减少。室内染毒试验结果显示,低浓度 2,4 滴丁酯导致土壤动物个体数和类群数有所减少,个体数量与处理浓度之间具有明显的负相关性,类群数与浓度之间相关性不明显,土壤动物个体数量和类群数量变化与染毒后经历的时间之间并未表现出明显的规律性。

　　综合低浓度除草剂和杀虫剂对土壤动物群落的影响可以得出,低浓度除草剂和杀虫剂对大型土壤动物影响不明显,对中小型土壤动物会产生一定作用,除草剂主要使优势类群土壤动物数量减少,而杀虫剂对土壤动物的作用具有一定选择性,常见类群和稀有类群的数量减少;在一定浓度范围内中小型土壤动物个体数量会随着除草剂浓度的增加而降低,但浓度增加没有导致类群数降低。

# 第 7 章　结　论

土壤动物是反映土壤环境条件重要的指标,本书以农林复合生态系统为研究对象,对不同管理和利用方式下土壤动物群落的响应进行了分析。在松嫩平原东部典型农业区 3 处地形部位区域选择防护林、菜园地、玉米田和水稻田作为调查样地,对不同利用方式下农田生态系统土壤动物群落结构进行分析,并采用$^{15}$N 稳定同位素分析方法对 3 处防护林中典型大型土壤动物群落营养级进行划分,并对土壤动物 $\delta^{15}$N 值的影响因素进行分析,为促进土壤动物功能研究进一步发展具有一定的推动作用;对农业生产中最常见的管理方式即施加农药和化肥对土壤动物的影响进行分析,采取单一化肥不同浓度施加的形式,在农田和防护林分别进行野外定点试验,农药施加采取不同类型除草剂和杀虫剂对样地进行处理,施加浓度以说明书参考浓度为标准进行喷施试验,同时对典型的除草剂 2,4 滴丁酯进行低浓度影响的室内分析试验,以便更好地分析不同浓度除草剂对土壤动物的作用。本书得出的结论主要有以下几个方面:

(1)不同土地利用类型样地土壤动物群落结构特征具有一定差异性,防护林类型样地土壤动物个体数、类群数和生物量明显多于其他类型用地,水稻田的土壤动物个体数、类群数和生物量均很少;大型土壤动物多样性指数在不同利用方式样地差异明显,而中小型土壤动物差异不大;不同利用方式土壤动物群落垂直结构差异较大,防护林样地土壤动物表聚性明显,干扰较大的菜园地表聚性较弱,中小型土壤动物表聚性强于大型土壤动物;群落相似性分析显示,不同样地间中小型土壤动物群落组成比大型土壤动物相似性强,水稻田与其他旱地土壤动物群落相似性比同为水田或同为旱地群落间相似性偏低;土壤动物与环境因子之间具有一定的相关性,但大型土壤动物和中小型土壤动物与不同土壤因子之间相关性显著程度差异较大,不同类群受环境因子的影响程度也存在明显的不同;多因素差异性分析显示,土地利用方式及不同类群之间土壤动物数量差异显著,不同取样地点间土壤动物数量差异不明显,这说明土地利用方式差异性导致土壤动物群落结构的不同在同一区系范围内具有普遍规律性。采用$^{15}$N 稳定同位素分析方法对防护林样地大型土壤动物典型类群进行营养结构分析,结果显示不同环境条件下土壤动物 $\delta^{15}$N 具有显著差异性,土壤动物 $\delta^{15}$N 值与土壤、植物细根及枯落叶 $\delta^{15}$N 值之间有明显的相关性,与全氮含量没有明显的相关性;调查的 12 种土壤动物在土壤生态系统中大多处于第 2 至第 4 营养级,其中营养级位置较低的动物主要有大蚊幼虫、蚯蚓、金龟甲幼虫等类群,较高营养级的为蜈蚣、隐翅甲成虫、叩甲成虫、线蚓等动物,同类土壤动物在不同样地中营养级位置存在一定的差异。

(2)不同地形部位防护林土壤动物群落有一定差异性,大型土壤动物的个体数和类群数表现为低山丘陵区>低平原区>台地区。中小型土壤动物的个体数和类群数均表现为低山丘陵区>台地区>低平原区。不论是大型土壤动物还是中小型土壤动物,多数调查都显示其个体数和类群数表现出林内及林缘大于农田内部和农田边缘,这与林地的土壤状况优于农田有关,防护林生态系统中的林地是自然生态系统,人为扰动较小,生物丰富且数量多;林缘和田缘是生态交错带,代表两个相邻群落(林地和农田)间的过渡区域,使两种群落成分处于一种激烈的竞争动态平衡中,认为这是两个相邻群落间的生态应力带。随着距防护林距离的增加,即自林内到田内土壤动物个体数量减少,但生物量出现显著的边缘效应,林缘>林内>田缘>田内。应用$^{15}N$稳定同位素对大型土壤动物营养结构分析显示不同动物类群$\delta^{15}N$值差异较大,土壤动物$\delta^{15}N$值与环境$\delta^{15}N$值关系密切,与全氮含量相关性不明显,营养级划分结果显示大多数类群处于第2至第4营养级,同类动物在不同样地营养级具有一定差异性。

(3)土壤动物群落对不同浓度 N、P、K 肥的响应分析结果显示不论是大型土壤动物还是中小型土壤动物,不同的化肥处理方式对土壤动物群落不具有显著的影响,土壤动物的差异主要取决于不同的动物类群,此外土地利用方式的差异对土壤动物数量特征也具有显著影响;化肥浓度的增加没有使大型土壤动物个体数和类群数发生变化,中小型土壤动物个体数和类群数与化肥施加浓度关系比较密切,说明中小型土壤动物对于化肥影响比较敏感;不论是农田还是防护林中,大型土壤动物生物量表现出对照样地的生物量大于化肥影响的样地,在受不同类型化肥影响的样地中,中等浓度施肥比低浓度和高浓度施肥情况下大型土壤动物生物量要高,但这种现象是否具有普遍性意义还有待于进一步印证;取样时间的不同对大型和中小型土壤动物个体数量和类群数量的影响均比较显著;化肥的施加并未改变土壤动物垂直方向上的表聚性特征,但大型土壤动物和中小型土壤动物的表聚性程度不同;群落相似性分析显示相同利用方式样地之间相似性较高,不同利用方式间群落相似性较低,对相似性指数平均值进行分析显示,相同利用方式不同浓度同种类型化肥处理样地大型土壤动物群落相似性比不同类型化肥处理样地偏高;土壤动物与土壤环境因子关系分析显示,土壤动物个体数和类群数与土壤环境因子之间并未表现出明显的相关性,这可能是由于取样过程中干扰比较强烈,对土壤动物群落影响较大,导致土壤动物与环境因子之间的相关性发生变化。

(4)分析土壤动物群落对喷施较低浓度除草剂的响应结果显示,低浓度除草剂的喷施没有导致大型土壤动物个体数和类群数明显减少,有些样地甚至比对照样地还多;大型土壤动物群落多样性指数分析也显示喷施除草剂没有对其造成明显影响,这说明低浓度除草剂对大型土壤动物群落结构影响不大;除草剂的喷施导致中小型土壤动物个体数量减少,尤其是优势类群个体数量减少明显,导致中小型土壤动物群落多样性指数及均匀度指数增加,而优势度指数降低。室内染毒试验结果显示低浓度2,4滴丁酯导致土壤动物个体数和类群数有所减少,个体数量与处理浓度之间具有明显的负相关性,类群数与处理浓度之间相关性不明显,2,4滴丁酯的施加使得土壤动物群落多样性指数和优势度指数降低,均匀度指数增高,土壤动物个体数量和类群数量变化与染毒后经历的时间之间并未表现出明显的规律性。

综合除草剂对土壤动物群落的影响可以得出,低浓度除草剂作用对大型土壤动物影响不明显,对中小型土壤动物会产生一定作用,使个体数和类群数减少,在一定浓度范围内中小型土壤动物个体数量会随着除草剂浓度的增加而降低,但浓度增加没有导致类群数降低,这主要是因为试验除草剂喷施浓度较低,可以说明低浓度除草剂对土壤动物群落是比较安全的,尤其是对大型土壤动物影响不大。

(5)对喷施较低浓度杀虫剂影响下土壤动物群落结构进行分析,结果显示喷施杀虫剂并未导致大型土壤动物个体数量减少,主要原因是对于优势的类群蚂蚁和线蚓等类群来说,杀虫剂对其作用不大,未使其数量减少,反而增加了其个体数量,而常见类群和稀有类群受杀虫剂影响较大;杀虫剂的喷施使大型土壤动物类群数量减少明显,说明试验的 3 种杀虫剂对土壤动物的作用是有选择性的,对个体数量较少的常见类群和稀有类群作用较大;对于中小型土壤动物群落来说,杀虫剂的施用对其影响较大,导致其个体数量和类群数量减少,但因本试验设置的喷施浓度较低,并未导致中小型土壤动物大量减少。

# 参考文献

[1] 刘爽,刘启龙,李格格,等.中国农田生态系统土壤动物的研究进展[J].哈尔滨师范大学自然科学学报,2021,37(5):68-75.

[2] 曹春霞,朱升海,颜越,等.有机管理对不同土地利用方式下土壤质量的影响[J].中国生态农业学报(中英文),2021,29(3):474-482.

[3] 张卫信,申智锋,邵元虎,等.土壤生物与可持续农业研究进展[J].生态学报,2020,40(10):3183-3206.

[4] 赵乌英嘎,红梅,赵巴音那木拉,等.不同耕作方式下黑土区农田中小型土壤动物群落特征[J].水土保持通报,2019,39(3):39-45.

[5] 罗熳丽,兰琴,王戈,等.施肥对土壤动物群落结构的影响[J].浙江农业学报,2019,31(6):946-954.

[6] 王文东,红梅,赵巴音那木拉,等.不同培肥措施对黑土区农田中小型土壤动物群落的影响[J].应用与环境生物学报,2019,25(6):1344-1351.

[7] 王文东,红梅,刘鹏飞,等.施用有机肥对黑土区农田大型土壤动物群落的影响[J].中国农业大学学报,2019,24(5):174-184.

[8] 美丽,红梅,刘鹏飞,等.有机肥施用对农田中小型土壤动物群落的影响[J].中国土壤与肥料,2018(5):154-162.

[9] 李媛媛,许子乾,徐涵湄,等.施肥对陆地生态系统土壤动物影响的研究述评[J].南京林业大学学报(自然科学版),2018,42(5):179-184.

[10] 赵玲,滕应,骆永明.中国农田土壤农药污染现状和防控对策[J].土壤,2017,49(3):417-427.

[11] 周丹燕,卜丹蓉,葛之葳,等.氮添加对沿海不同林龄杨树人工林土壤动物群落的影响[J].生态学杂志,2015,34(9):2553-2560.

[12] 杨丽红,石红艳,游章强,等.不同土地利用方式对大型土壤动物群落结构的影响[J].四川农业大学学报,2015,33(2):208-214.

[13] 李磊.防护林对农田大中型土壤动物群落的影响[D].雅安:四川农业大学,2015.

[14] 翟清明,林琳,张雪萍,等.乙草胺对农田中小型土壤动物群落结构的影响[J].中国生态农业学报,2014,22(4):456-463.

[15] 战丽莉,许艳丽,张兴义,等.耕作方式对中小型土壤动物多样性影响[J].生态学杂志,2012,31(9):2371-2377.

[16] 徐晓侠.我国农作物施肥存在的问题及对策[J].农业开发与装备,2020(7):72,74.

[17] 周举花,朱永恒,高婷婷,等.不同土地利用方式下土壤动物群落结构特征研究[J].环境科学与管理,2015,40(12):150-154.

[18] 高玉秋,高丽丹,许一荣,等.农药与化肥使用现状及减量对策[J]现代农业科技,2020(7):135,138.